KUWEI
酷威文化
图书 影视

天赋觉醒

创造不一样的人生

江潮 著

江苏凤凰文艺出版社
JIANGSU PHOENIX LITERATURE AND ART PUBLISHING, LTD

目录

CONTENTS

第五章　天赋与激情

第六章　挖掘天赋，实现梦想

第七章　习惯的培养

第八章 发挥天赋

前言：

我的天赋是什么？

你有天赋吗？你的天赋是什么？相信每个人面对这两个问题时都会产生疑虑，会扪心自问——我到底是不是一个有天赋的人，如果有，我的天赋是什么呢？

很多人都希望自己是有天赋的人，但他们却发现自己在生活中一无是处，最后不得不接受自己没有天赋的“现实”，而当他们面对这种“现实”后，会变得郁郁寡欢，生活对他们来说失去了色彩，同时也失去了快乐。

其实，这些人并非没有天赋，只是对自己不了解，还没有发掘出自身的天赋而已。俗话说：世界上没有两片相同的树叶，人也没有两个完全相同的指纹。每一个人都是独一无二的，每一个人都有着别人不可比拟的天赋。前提是，**你能否找到它，发掘它，并释放出它的“能量”**。

在沟通心理学中有一个著名的理论——“乔哈里视窗”，也被称为“自我意识的发现——反馈模型”。“视窗理论”将人际沟通的信息比作一个窗子，它被分为四个区域：开放区、隐秘区、盲目区、未知区。人的有效沟通就是这四个区域的有机融合，而这个视窗理论也可以用于认知自己的天赋。

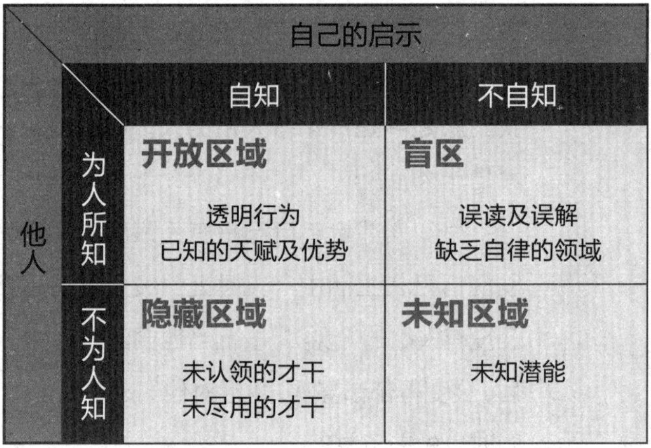

在上图中，我同样将自我天赋认知以及他人对天赋的认知分为四部分：开放区域、隐藏区域、盲区，以及未知区域。通过这个视图，可以清晰地看出，只有未知区域的天赋才是需要深入挖掘的。

所以，我们每个人可以回想一下自己以前的生活，你是否对什么东西或事情有过兴趣并充满热情地去完成它。如：打篮球，弹吉他，烹饪，写作，说服别人……你在任何一件事情上的热忱，可能就是你潜在的天赋，只是看你当时是否认真对待它。我曾经的一个小学同学，从小就对踢足球产生了无比强烈的热情，后来他一直在这条道路上不断努力，最后成了一名足球运动员，退役后做了足球教练。他就这样找到了自己的天赋。

其实，从很多人的案例中可以发现，**天赋之旅的第一步，就是要认清你自身的天分**。

在科技发展如此快速的社会，你可以选择的行业有很多，工作的类型也很多，你可能在职业生涯中从事多种类型的工作；你的第一份工作也不一定是你为之努力一生的工作。但倘若你在一开始就了解到自己的天赋，这样就会为你的工作方向带来指引，你就不会盲目地从一个工作跳槽到另一份工作。无论在任何年纪，依据天赋不断改变职业路径都是最能实现自我的方式。

若你是大学刚毕业的学生，正在迷茫不知该从事何种工作时，如果你了解自身天赋，就可以以此为起点，开始此生奋斗的目标；若你已在职场闯荡多年，却还在困扰现在的工作是不是自己真正要为之奋斗一生的工作时，就要好好地审视自己，看清楚自己的天赋到底在哪里，再去寻找与天赋相匹配的职业；若你已经退休，那更应该趁着大把空闲时间，好好思考一下这些问题，发掘出内心的热忧与动力，开始自己的第二春，来一次华丽的转身。

本书从多个角度，为读者介绍如何寻找天赋，如何发掘天赋，如何让天赋在实际的生活中得到充分的展示。

本书针对每章的核心内容，在第一部分列出多种思考问题，让读者对自己有一个了解，再以“理论＋案例”的方式，让读者能够快速认识自己并发掘出自身天赋，最后通过练习，让读者对自己掌握的“知识点”做出清晰的判断。相信本书会对每一位读者都起到一定的影响，让读者对自身有更多更真实的了解，也衷心希望每一位读者都能够发掘出自身天赋，并在生活和工作当中，把天赋充分发挥，最后通过天赋的协助，迈向人生的巅峰。

第一章

打开内心的限制

思考：发现内心的潜在压力

当你受挫后，思想和情感上产生的新的关注点，有可能来自家庭，有可能来自社会；有可能是积极的，有可能是消极的……

如果你没有意识到这类思想，请关注你的行为，从以下几方面判断自己是否“压抑”。

1. 有时心中会不会产生无名火，对周围的一切感到烦躁、厌倦。

2. 当自己一个人静静地待着时，会不会有莫名的疲惫感。

3. 做某件事时感到焦虑、不安。

4. 常常感觉自己的思绪无法集中，表达能力、记忆力、判断力下降，并对自己及周围环境持消极态度。

5. 做完一件事后，希望立刻得到对方的认可。

我们的天赋是如何被唤醒的

天赋是我们每个人蕴藏于体内而未被开发的宝藏，它的能量惊人，当你运用积极的心理暗示，激发出这种能量，天赋就会被开发出来。

所以，积极的心理暗示能够有效地唤醒你体内沉睡的天赋，让你的人生迎来崭新的变化以及伟大的超越。同时，潜能的激发需要一定的氛围和磁场，需要特定的频率来刺激。

潜能包含两层意义，一层意思即是指潜力。所谓“潜力”，指那些已经发现但未能被开发的才力，比如你本有歌唱天赋，而且你也喜欢唱歌，你发现了自己的天赋，但你最终并没有涉足歌唱行业，而是把唱歌当作一种业余爱好，甚至从来不敢想自己会成为大歌唱家。当你发现自己有歌唱天赋的时候，仅仅意味着这是“潜力”，而你需要进一步将“潜力”开发壮大，最终让自己成功。另一层意思是说，潜能是人类大脑里尚未开发出的超级能力。举一个例子，假设某个人，他可能具有天生的体育才能，只不过这一才能深藏未露，任何人包括他自己都无法意识到更不用说发挥这种才能。有潜能而没有发挥出来，就等于没有潜能。因此，潜能要转化为实际的才能，并不是自然而然的，它需要我们有意识地去发现自己、设计自己，它需要某些外在的刺激物来激发自己、启迪自己，开启自己的灵感与潜能。

牧人法约尔的儿子利马在镇上福特的店里学习做生意，有一天法约尔就问福特："福特，利马跟你学习得如何了？"

福特答道："老兄，咱们这么多年交情了，我有什么话就直说了。利马这孩子性格稳健，但是，他没有经商的天赋，就是和我学一辈子也没有出头之日啊。法约尔，我劝你还是带着利马回家学习如何放牧吧！"

如果利马还是留在福特店里学习的话，绝对不会有日后闻名世界的商人利马了。可他随后到了大城市，目睹了许多原来很贫穷的孩子做出了大事业，他的潜能突然被唤起，他决心做一个大商人。他对自己说："别人能做到的事情我一样也可以做到。"其实，他本来就是有经商头脑的，只是他没有将自己的潜能激发出来。后来的结果证明，利马不仅具备做商人的天赋，而且还是一个非常优秀的商人。

在我们的认知中，才能可以通过后天的努力不断增加、变强，而天赋不能，每个人的天赋都有一定的差异，这是上天赐予每个人不可或缺的内在潜能。但大多数人都没有将这种天赋开发出来，让它一直在体内沉默。其实，当我们通过自身的方法加上外界的刺激，是可以将天赋逐渐引导出来的。这种被挖掘的天赋潜能被激发后，再通过不断的引导和训练让其逐步完善，就会使自身成为一名不可多得的天才。可如果这个天赋一直埋没在体内，从未开发，那你注定是个凡人。

在英国北部某地有一个人，他中年时还是一个不识文墨的鞋匠，当他步入晚年时却拥有了全市最大的图书馆，不仅得到了人们的赞誉，还被别人视为知识渊博的大学者。这个人的愿望是要帮助人们接受教育、获得知识。可是他从未接受过正规的教育，是什么原因驱动他做这样的事情？这源于早先他听到的“教育的价值”的演讲。正是因为这次演讲，激发了体内蕴藏的潜能，他的热情也因此被激发，最终成就了伟大的事业。

无论是从历史的长河中，还是在现代的生活里，我们都会看到很多“大器晚成”的人。那么，这些人为何在精力旺盛的青年时代都没有多么大的成就，却在逐渐步入老年时，成功了呢？很多时候是因为他们在某一个时间点受到了外界某方面的刺激，或者内心突然受到了一种感悟，这种刺激和感悟可能是来源于一次打击、一次演讲的感染、朋友的几句鼓励之语……任何的一种刺激和感悟，都能让内在的潜能和天赋得到开发，发挥出巨大的能量。

无论事业还是生活，失败者比成功者要多得多。当我们和这些失败者交谈时，可能发现他们失败的原因往往是：一直在无人鼓励、支持的环境中生活。这类人的天赋及潜能没有被开发出来，所以在不利的环境中就会越来越消极，逐渐变得一蹶不振。

努力与那些了解你、支持你、鼓励你的人接近，充分地认识你的潜能，他们会带给你不一样的改变，对你日后的成功将产生重大的影响。同时，多接触在这个世界上留下足迹、有所成就的人，或许他们的一句话、一个行为都会成为你改变的开始。所以，请给自己一些积极的心理暗示吧，将自己的潜能最大限度地发掘出来。

激发潜能

不少人热衷于追求成功，又认为只要自己尽力而为就可以了，没必要累死累活的。出现不理想的结果时，就会抱怨道：“我已经尽力了呀！”相信这句话大多数人都曾说过，而且是许多人的口头禅。

殊不知，尽力而为是远远不够的，尽力而为只会打消我们的意志，消减我们的勇气，扼杀我们的进取之心，它是我们前行的最大羁绊，使我们一次次与成功的路口错过，而那些错过又何尝不是过错？

下面这个故事虽然短小，寓意却很深。

一个猎人带着他的猎狗去捕猎，有一只兔子被猎人的枪击中了，拖着伤腿的兔子拼命奔跑，猎人就放出猎狗让它去追捕兔子，但猎狗最终也没追上受伤的兔子。空手而归的猎狗被猎人痛骂一顿：“你个没用的东西，连只腿受伤的兔子你都追不到！”

猎狗很委屈地说：“主人，我已经尽力啦！”。

回到洞里后，兄弟们都争先问这只受伤的兔子：“那只猎狗穷凶极恶，你的脚还受了伤，你是怎么逃脱它的魔掌的？”

“它是尽力而为，我可是拼尽了身上所有的力气！它没追上我，最多挨一顿骂，而我如果不拼的话，命就丢了！”兔子回答道。

通过后来兔子与同伴的对话，我们可以领悟到尽力而为和竭尽全力的结果截然不同。

每个人都有无限的潜力，但大多数人只发挥了不到 10%，剩下 90% 以上的潜力则被深藏起来，这正是尽力而为的结果。而全力以赴能有效唤醒、激发剩余的潜力，修炼出如“悍马”般强大的内心力量，进而做成原本不可能做到的事情。

换而言之，任何人无论身处什么环境，才智如何，只要付出 100% 的努力，就能开发、控制自己的潜力，而这份潜力，可以简单地解决棘手的问题。

在美国西雅图的一个教堂中，泰勒牧师告诉孩子们每个人都有极大的潜能，接着他向全班宣布：如果谁能将《圣经·马太福音》中第五至七章的内容全部背出来，就邀请他参加西雅图“太空针塔”餐厅的免费聚餐会。

上述这几章有几万字的内容，要背诵全文，难度可想而知。尽管老师开出的条件十分诱人，但是所有孩子都因为字数太多、难度太大而放弃了。

几天后，泰勒牧师听到了班中一个十一岁孩子在他面前通背了《圣经·马太福音》第五至七章的全部内容，在这过程中，泰勒牧师发现这孩子竟然一字不差并声情并茂地背诵了全文。

泰勒牧师在感叹男孩惊人记忆力的同时，还追问了男孩能做到的原因。男孩不假思索地回答："因为我拼尽了全力。"多年以后，这个男孩成了世界首富。他，就是全球皆知的比尔·盖茨。

竭尽全力不可能把所有事情都做成功，但是尽力而为做不成任何事情。你或许会疲惫不堪，或许会伤痕累累，但这是逼着自己出类拔萃，逼着自己走向成功彼岸的"苦肉计"，这种付出是值得的。尽力而为在这个竞争激烈的社会是不受用的，那些仅仅满足于尽力而为的人，大多欠缺完成工作任务的勇气和决心，不能最大限度地发挥自身的潜力，自然做不好工作，最终被淘汰。

因此，你应该听从内心的呼唤，如果想做出一番大事业，就不要再以"我尽力了，结果不理想"的借口敷衍自己，要扪心自问：我是尽力而为，还是拼尽全力呢？成败仅仅在于这一念之间。

肯定自己的价值

现实中，我们习惯了在别人注视的目光下生活，为了迎合别人的看法，也喜欢用一些华丽的包装掩盖自己。当能力、成绩得到周遭无数的鲜花、掌声和赞美声时，才敢肯定自己。然而一旦自身价值受到众人的质疑和鄙视，在“嘘”声漫天中，便会对自己彻底失去信心。

“我觉得你完不成这样的任务。”

“你也没经验，坚持下去也是徒劳。”

“你的性格不适合从事这个行业。”

……

太多的否定从四面八方涌来，犹如电闪雷鸣般，七嘴八舌的议论让我们开始手足无措。自我肯定的防线一降再降，我们甚至开始怀疑自己的能力和魅力值。只要你接受了别人否定的“批判”，就会变得异常怯懦、自卑，看到朋友们的风光无限，自叹技不如人，认为自己什么都做不成。

浮华背后的都市生活，已经让我们不堪重负的心灵焦虑不安，所以我们时常希望从别人赞许和支持的目光中得到一丝丝勇气。但实际上，旁观者大多带着“有色眼镜”审视你，而真正了解和肯定你的人只有自己，所以，一定要适当地让自己拥有一种“不服输”的倔强。

很多人都觉得自己是不幸的，总是怨天尤人地说：为何世界上那么多的幸福都不属于自己？为何自己不能成为上天眷顾的那个人？这样的抱怨不会对你的生活产生任何积极的影响，只会让你更加自卑、怨念更加强烈，会大大削弱自己的自信心。若是一个人连自信都没有，又如何能够成功？试想，**一个连自己都不相信自己的人，还奢望别人能给你怎样的肯定和鼓励呢？**哈佛大学心理学教授泰勒说：“当我们不接纳与生俱来的价值时，我们其实是在渐渐地破坏自己的能力、潜力、喜悦和成就。”

所以，大家应该记住：**在这个世界上，除了你自己，没有人可以否定你的价值**。

她出生在一个贫穷的山村，生下来时就只有一只手，还患有小儿麻痹症，右腿肌肉萎缩。在她五岁时父亲病故，只留下她和一个智力有问题的母亲。

她十九岁那年，母亲意外走失后再无音信。她是靠着村民的捐助才念完高中，但是当收到大学的录取通知书后，她选择了放弃。因为高昂的学费，已经不是村委会能负担得起的。当时很多人都认为，这样的女孩就算大学毕业也找不到合适的工作。

她从小酷爱唱歌，没有杂质的声音像银铃一般悦耳，放羊的时候总会高歌一曲。但是全村的人都在背后议论，身体有残缺，又没有经过专业的声乐训练，想在音乐上有所发展真是有点“天方夜谭”。然而她并没有因为听到闲言碎语就放弃了唱歌，也没有感到自卑。

当全村人都为她发愁时，她锁了家门，拄着双拐，用了整整三天走出了山村。没有一个人相信她能出去工作挣钱。她在心里告诉自己：我一定能找到工作养活自己。一路上还不停地念叨着：“老天爷把一条命交给我了，我一不能死，二不能伸手要饭！”

在省城，工作并不好找，她唯一的选择就是在小区门口擦皮鞋，边擦皮鞋边给光顾的客人们唱歌，每次擦完皮鞋后大家都夸小姑娘声音好，而且都带着愉悦的心情离开。她相信就算自己这辈子不能登上舞台唱歌，但只要能用甜美的声音给别人带来好心情，也实现了自己的价值。

久而久之，她的故事被有心人拍了下来，并在报纸上做了相关报道。于是，慕名而来擦皮鞋的人越来越多。直到有一天，一家专业制作手机彩铃下载的网站，主动找到了她并愿意跟她签长期合作合同，让她用自己的好嗓音录制手机彩铃的音乐和网站的原创广播剧。

从此，女孩凭借自己的好声音找到了一份不错的工作，而且她的作品也成了网站点击率最高的作品。

很多时候，我们遇到困难就会责怪命运不公，总以为自己的能力有限，便逃避退缩。其实只要再努力一点点，幸福就在触手可及的地方，成功只需要多一点自信。

一位哲人说："你的心志就是你的主人。"不要因为别人不信任的眼神而忧郁迟疑，也不要因为别人质疑你的能力和理想而从此萎靡不振。要知道，一个人没有乐观的心态，没有足够的自信，就等于没有根的树木、漂浮不定的浮云，一辈子都会漫无目的地游离。

如果这个世界上还有一个人有资格否定你的价值，这个人就是你自己。如果你真的向自己投降，也就将幸福拱手让出了。我们应该时刻铭记自信者的格言："我想我能'够'的，就算现在不能'够'，以后一定会能'够'的！"

用激情改变态度

对于每个人来说，生命都是有限的，但生活却是可以被掌控的。每个人，都有责任在自己有限的生命中，尽可能多地探求更多的精彩，证明自己的价值，给家庭带来最安稳的保障。

不过，生活中有些人总是浑浑噩噩地过着日子，不知道自己该做什么，能做什么，最后放弃了努力，让时间牵引自己生活的方向，也不用考虑未来生活的样子。以“混口饭吃”的态度对待生活，自然也就不用奢望生活能给他带来什么丰厚的回报。暂且不说这样的人能否为家庭获取更多的生活保障，单纯从情感上来讲，和这样的人一起生活也会令人感到乏味。

美好的生活需要不断地奋斗，尽管过程会很艰辛，但至少可以让生活充满希望。只想“混口饭吃”的人，从不会树立更高的目标，没有目标的牵引，也就没有了追逐的动力，更没有收获的幸福。他们的性格，会影响整个生活的氛围。在家庭生活中，也许同样会呈现灰暗的色彩。

激情可以燃烧一个人的生命，它可以迸发出最为绚烂的光彩，也能书写出最为美好的回忆。你如果希望自己的生命拥有更多的力量，就要寻找到属于自己的事业寄托，展现出最蓬勃的激情，创造出最璀璨的成就。

弗兰克·贝特格是世界最杰出的销售大师之一，他的童年充满磨难。小时候父亲因病去世，为减轻母亲的负担，还在读中学的他选择了辍学。

十八岁时，他成了一名职业棒球手，刚进入职业棒球界，贝特格就遭到了有生以来最大的一次打击——他被开除了，原因是他打球无精打采。他的老板这样对他说：“弗兰克，离开后，无论去哪儿，都要振作，不论生活经历什么，工作中都要有生气和热情。”这对弗兰克是一个重要的忠告，虽然代价惨重，但来得还不算太迟。当弗兰克·贝特格进入纽黑文队后，他决心要做一个有激情的球员。

从此，弗兰克·贝特格在球场上就像一名充满电力的勇士，掷球快速有力，几乎要震落接球同伴的手套。为了赢得至关重要的一分，弗兰克·贝特格会在球场上竭尽全力奔跑。报纸上这样刊登关于贝特格的消息：“这个新手充满激情，并感染了我们的小伙子，他们不但赢得了比赛，而且参赛时的情绪比任何时候都要好！”记者还给他起了个绰号——“锐气”。而弗兰克·贝特格也成了队里的“灵魂”，他的月薪也从二十五美元涨到一百八十五美元。

退出职业棒球队后，弗兰克·贝特格尝试做保险推销。十个月令人沮丧的推销之后，卡耐基一语道破其问题所在。卡耐基这样对他说：“贝特格，你的语言毫无生气，怎么能使大家对你感兴趣呢？”

贝特格恍然大悟，决定把自己在纽黑文队打球的激情投入到工作中。又是一次转变，弗兰克·贝特格对推销充满激情，最终成为闻名世界的销售大师。

无精打采的生活，只会让自己虚度时光，现实是一面镜子，因为不积极的状态，会影响到自己生活的内容，工作不能够有效开展，甚至自己最终都会失去工作的机会。弗兰克·贝特格的经历就很好地说明了这一点：**当自己不能有效投入到工作中，工作的效果就会大打折扣**。

充满激情地工作，迸发更多的活力，发挥更多的潜能，往往会收获事业的成功，也能发现自己的价值。充满激情的工作经历，对于个人来说，也是收获良好成果的基础，当自己以全部的精力投入工作之后，生活也会给自己最为丰厚的奖励。

每个人都应该比较这两种工作的状态，比较两种状态所产生的结果，最终慎重选择自己的态度。“积极面对”是一种态度，“浑浑噩噩”也是一种态度，你可以自由选择，但最后等待自己的结果，永远只有一个。

从一个人对待工作的态度中，可以看到他们未来生活的大致模样。积极地工作态度，可以换回最好的结果，过程也许艰辛，也许充满挑战，但却充实又有意义；消极地工作态度，过程也许舒适，但却会使人生活空洞，无所依靠，无所寄托。

张琪出生在农民家庭，从小就有不服输的精神，学习非常刻苦，终于考上了北京一所名牌大学。毕业后，他进入了一家大企业工作，但是职位非常低。

一年多的时间，张琪虽然表现出色，但业绩并没有很大的提升，所以薪水也一直是原地踏步。但张琪是一个善于观察的人，任职一年多的时间里，他发现了公司在某些方面存在的问题和漏洞，并准备把这些问题汇报给领导。但身边的朋友都劝他不要做这个出头鸟，最终他也放弃了这个想法。

没过多久，与张琪一同进入公司，而且业绩跟他差不多的一个同事获得了提拔，因为这件事，他一直很苦恼，并认为领导偏心。可后来他发现，原来那个同事也发现了公司的这些问题和漏洞，并把解决方案告诉了领导。知道这个消息后，张琪感到非常懊悔，本该属于自己的机会，却拱手让给了他人。

伟大的事业不会垂青得过且过的人。在工作上有所作为的人，都需要对待工作一心一意、不畏艰苦、充满热忱的激情。

我们可以想象一下，一个画家若是每次在创作时总三心二意，没有把全部的精力甚至自身都放在眼前将要创作的画作上，那他所画出来的作品，又如何能成为一幅传世名作？

一位想创作出惊世之作的作家，如果对生活没有热爱、没有感情上的积累、没有对人生的感悟，又如何能够与读者产生共鸣？

对于普通人来说，很难达成这样令人骄傲的成绩，但学习并拥有这份态度，才可以为自己的生活带来更多的收获与满足。因此，不要只想着混口饭吃就行，转变自己消极懈怠的观念，只有让自己变得积极向上，才能创造出精彩的人生。

专注力：把鸡蛋放在一个篮子里

安德鲁·卡耐基说过："把所有的鸡蛋放进同一个篮子里，专心做好眼前的一件事。"

相信每个大学毕业生在求职的时候都有着"一份简历多投"的习惯，认为这种大面积地投递简历，总会有一家看中自己，凭此找到自己心仪的工作。可直观来讲，把鸡蛋放在不同的篮子里虽然存有率高，但保全率不一定大。**精力过于分散，必然会导致顾此失彼的局面，也可能产生顾此失彼的结果，落得一无所有**。

与此相反，若是把所有的鸡蛋放在一个篮子里，那么这个篮子就成了你的核心关注点，迫使你不得不倍加呵护，小心珍惜。一旦成功，你保全的将是一篮子的鸡蛋。当然，一旦失败，你也将一无所有。虽然这样做是要冒一定风险的，但是根据现实反映的情况看，把所有的鸡蛋放在一个篮子里远比把鸡蛋分散到不同篮子里的保全率高。

当今是一个知识大爆炸的时代，**如果你是一个有能力的人，不用心的话你将一事无成；如果你能力一般，千万别灰心，只要你有信心做好一件事，那么你就一定会成功**。多才多艺，不如练就"独门暗器"；专一，会让劣势变成优势。所以，不妨把所有的鸡蛋放入同一个篮子里。

雷杜德出生在法国的一个绘画世家，二十三岁时成了著名花卉画家斯潘东克的学生兼助手。雷杜德和其他画家不同，他只画玫瑰。

为了增加自己对玫瑰的了解，雷杜德拜师植物学家德布鲁·戴尔，系统学习植物学知识。当他完全了解并掌握了植物的各种形态和特点时，他的绘画作品创作得更有艺术性和真实性，大家都把他称为“玫瑰画家”。

此后一段时间，很多人建议雷杜德去画其他花卉。几乎所有人都认为，凭他的绘画技术，任何花他都可以画得栩栩如生。可雷杜德却不这么想，仍然坚持画玫瑰。

1798年，法国皇后约瑟芬在巴黎郊外的梅尔梅逊宅第建造了一座景色秀丽的玫瑰园。玫瑰园中有二百五十种玫瑰，共三万多株，几乎包含了世界各地所有珍贵品种的玫瑰。早就对雷杜德有所了解的约瑟芬邀请他去玫瑰园画玫瑰，此后，雷杜德便沉迷于画玫瑰，无论外面的世界如何，任由其百花争艳，万千热闹，他就一直只钟情于画玫瑰，一画就是二十年。

雷杜德的各类玫瑰作品花朵色泽自然。1817年至1824年，雷杜德出版了三十期《玫瑰图谱》，介绍了一百六十九种玫瑰，这一举动也获得了巨大的成功，并且令雷杜德获得了“玫瑰大师”的称号，他的作品成为前无古人的绝世之作。此后至今的近二百年间，《玫瑰图谱》

以各种语言不断再版，让二百年前的玫瑰芬芳到现在。

雷杜德虽然放弃了画百花，却画出了世界上最艳丽的玫瑰。

人的一生的时间是非常有限的。在这有限的时间里，我们对喜爱的事物不可能面面俱到地关注，所以我们不妨任由百花错过，只钟情于一种，这样钟情一心，也许你就会登上独一无二的巅峰。雷杜德正是把鸡蛋放在了一个篮子里，才会成为玫瑰大师的。

小张进入职场五年了，却先后换了六份工作。他属于那种能力超强的人，正因为如此，他自我感觉良好，随意地跳槽和离职。如今，他还不知道自己想要做个什么样的人，收入水平也比刚入职场的时候高不了多少。当他还在原地打转的时候，很多安心在一个岗位上工作的同学已经成为职场资深人士了。

从案例中我们可以看到，把鸡蛋放在不同的篮子中，造成的结果并没有变得更好。一个人只有专心做好眼前的事情，然后不断地积累经验，让自己成为这个领域中的佼佼者，才会让自己成为更加强大、更多领导追寻的优秀人才。

有这样一群和小张一样的人喜欢在工作中耍小聪明，可是耍来耍去，捡了芝麻丢了西瓜，在职场上，还是要脚踏实地，一步一个脚印地向前走，这样才能不断成长起来。

许多成功人士谈到他们成功的经验时这样说："一辈子用心做好一件事，勤奋加努力一定会成功。"在职场生涯规划中有一个基本原则就是专一。在目前的就业形势下，毕业生们很难找到专业对口的工作。如果你谋得的职位和专业不对口，可以寻找机会力争专业对口，但是这个时间不要太长。如果实在找不到专业对口的工作，就要选定适合自己的工作，心无旁骛，聚焦自己的职业目标，这样就会在新的专业中走向事业的顶峰。

除了需要本行业职业技能的积累以外，更需要的是持之以恒的决心。只有这样，你才能慢慢成长，学有所长。否则忽东忽西，最终受害的只有自己。做任何事，三心二意都是最大的障碍。一个人的心力是有限的，若没有将足够的心力投入到事业上，那么这项事业肯定要失败。专心致志的人一定比三心二意的人更容易获得成功。

很多新人在进入职场后，都有一个阶段性的见习期。但是见习期过后，新人们却有两种不同的境况：有的人留在了见习单位，有的人却不得不离开。刚毕业的职场新人，职业技能相差不会太远，但是只有珍惜工作机会，持之以恒地努力，专心工作的职场新人经过打造雕琢，才能够迅速成长，留在实习单位。而得过且过，这山望着那山高，怕辛苦不能坚持的职场新人离开实习单位的可能性就大些。

一个著名公司的老总讲了这样一个故事：

两个小伙子一块参加登山比赛，在上山的路旁生长着许多奇花异草、珍果名木。其中一个小伙子为了登顶并没在意沿途的风景，直奔山顶；另外一个小伙子被周围美丽的风景深深吸引，最后比赛的结果也不尽如人意。

每个人的一生都会走过很多的道路，在任何一条道路上都会有着不同的诱惑，只有目标专一、意志坚定的人才能取得成功。**一个人应该知道自己的长处是什么，自己的方向在哪里，认准了，就要矢志不渝地走下去**。与其把鸡蛋放在不同的篮子里，还不如把鸡蛋放在同一个篮子里，专心做好眼前的事，这样才能成功。

用“假笑疗法”控制情绪

当你心情郁闷，像喘不过气般难受时，应该选择释放，而不是压制。想要喊一声就喊出来，想要抱头痛哭就哭一场，只要设定好自我放纵的界限，将这些悲观情绪发泄出去，就有助于为内心解压。

其实，在我们情绪低落时，装出好心情是放松身心、从消极转向积极的有效的方法。我们可能会通过“装”的扮演过程获得真实的好心情。最终，原本只是装出来的好心情会变成真实的感受，从而让我们在不如意的时候较为快乐，遇到困境时也较有自信和意志力。

丹丹今年刚二十五岁，但是在她身上却看不出属于年轻人的青春活力，反而是眉头紧锁，声音低沉，一副萎靡不振的样子。

一天，丹丹和一位在公司大厦做保安的师傅一起乘坐电梯，师傅看了丹丹几眼说：“孩子，你怎么总是愁眉苦脸的，有什么不顺心的事吗？”丹丹敷衍地说：“啊，叔叔，我没什么，心情不好而已。”

师傅哈哈大笑起来，说：“我以为是什么大问题，我来教你一个办法，保证你以后心情很好。以后不管你遇到什么难事，你都告诉自己，我很开心，哪怕是不开心，你也要装作开心，这样一想，你就会变得开心起来。”听完，丹丹将信将疑地看着师傅。

丹丹下班回家后，本想好好休息一下，谁知道她表弟把她的房间弄得乱七八糟，甚至弄洒了她最喜欢的香水。她刚要发火就想起电梯里师傅教她的办法，于是她默默地对自己说：“没什么，我要保持好情绪，我很开心，眼前的这一切都是小事而已！”刚开始的时候丹丹觉得很奇怪，自己就像个神经病。但是事情一过，自己的确没那么生气了，反而觉得舒服许多。从那以后，只要有什么不开心的事，她就会让自己假装很开心。后来她终于明白——一个人的好心情取决于最初的情绪选择。所以，哪怕心情不好，也要假装一下自己有好心情。就样就会弄假成真，与好心情结缘。

丹丹之所以能够摆脱萎靡不振的生活，并拥有好心情，最关键的一点就是她学会了“装”出好心情。无论是工作还是生活，假如我们能够学会“装”出好心情，就可以真的拥有好心情。

能够让自己获得快乐的心情是一种能力，同样，一个能让自己在不快乐时依然保持微笑的人，是生活的智者。很多人都喜欢阿庆嫂，却很少有人喜欢祥林嫂，这就是因为，生活需要一种阳光的心态。

生活不可能永远波澜不惊，但只要我们懂得调整自己的心情，就会让自己快乐如初。

当心情不佳时，要学会控制坏情绪，装出自己的好心情。只要装出一份好心情，就能让自己保持快乐、积极的情绪。那么，我们该如何做呢？

1．假笑疗法

生气时，可以找一面镜子，然后对着镜子努力挤出笑容来，持续几分钟之后，你的心情果真会变得好起来，这种方法叫作“假笑疗法”。实验证明，假笑能触动体内横膈膜，具有很好的热身效应。假笑时，体内横膈膜会将假笑引发成真笑。不知不觉中，你就会由衷地发出笑声了。

2．转变角度思考问题

很多坏心情都是钻牛角尖形成的，在自己心情不好的时候，时常用这样的话提醒自己：世界上并不是每个人都很顺利，跌跌撞撞才是人生。千万不能觉得自己很倒霉，这样只会越想越气，心情也越来越糟糕。

3．回忆愉快的事情

当我们确实很烦恼的时候，不妨回忆一些愉快的事情，尽量多想快乐的事情，用回忆的美好装满自己的内心，让美好的回忆荡漾在我们的心中，溢到我们的脸上，就能“装”出好心情。

4．想象美好未来

未来是未知的，我们把控不了，也预知不了，与其充满担忧，为何不往好处想呢？我们可以把它幻想得美好而充满希望，让自己心怀向往，这样才能让心情更美好，让前进的脚步更有动力。

练习：探寻你内心的极限

阅读本章后，写出以下问题的答案，并加以执行。

☑你有没有一直想做，却一直没有勇气做的事情？

☑当你对工作有一个新想法时，会不会将它提出来，并立即执行，加以实现？

☑你有时会不会因为一件事的失败，沮丧到对完成后续的事情都没信心？

☑面对自己不喜欢的工作，你是否会换一个角度思考，用激情将其完成？

☑你对未来是否已经有了一个长远的目标，并正在一步步地实现它？

第二章

“心理暗示”与“自我暗示”

思考：自我评估

在看本章前，请先思考并记录以下问题的答案，以了解自己对潜能的认知，以及自我的了解。

➡ 如果你的身边有一个无论在生活上还是工作上都十分强的人，你会觉得压力大，喘不过气吗？请写出原因。

➡ 如果你的身边都是喜欢抱怨的人，你仍然能清醒地知道自己的目标吗？

➡ 你觉得每天的生活是无聊的，还是新鲜的，或者说是两者兼具？

➡ 当你心情不好的时候，面对一件棘手却又非常着急的事时，有没有激情去完成它？

➡ 你明知道这件事即使付出努力也不一定会完成，还会拼尽全力吗？

➡ 你有过因为对现实不满，而选择逃避，最后陷入了一直回忆过去美好时光的情况吗？

➡ 当你为自己设立了于周遭格格不入的人生目标时，能否不受别人的干扰，一如既往地走下去？

∴●➡ 你为什么而活着？是为了生活，还是为了实现自己的人生价值？

∴●➡ 你永远都明确知道自己下一步该做什么吗？

发挥“心理暗示”的效用

积极的自我暗示可以增强自信。第二次世界大战期间，纳粹党曾在集中营里做过一个实验：把犯人绑在椅子上，蒙住他的眼睛，用刀子在他手腕上划一下，只需要擦破一点皮，让他感觉到疼痛，然后在旁边用水滴模拟血液落下的声音。几个小时后，犯人竟然死了。验尸官验尸后得出的结论是——死于内心恐惧。

不只是纳粹，二十世纪，心理学家曾用无数实验和文字论述，证明了潜意识的强大。从此，这个学术结论被广泛运用于成功学，几乎每一位里程碑式的成功学大师，都会在他们的教程里长篇累牍地讲授“心理暗示”的重要性。

“心理暗示”就是通过积极的自我暗示、自我鼓励，进行自助的方法。人的自我评价实际上就是人对自我的一种暗示作用，它与人的行为之间有很大的关系。消极的自我暗示导致消极的行为，而积极的暗示则带来积极的行动。

“心理暗示”的效力甚至蔓延到了临床医学，在西方，很多病人被诊断出绝症后，医生只将诊断结果告知病人的一位家属，把病人以及其他家属蒙在鼓里。然后，医生让绝症患者生存在一个自认为身体健康的环境里，再辅以积极治疗，几个月后，病人的病症竟然奇迹般消失了。

被誉为美国现代短篇小说创始人的欧·亨利，写过一个著名的微型小说《最后一片叶子》，内容梗概是这样的：

一个叫琼西的女孩在学画的过程中得了肺炎。她躺在旅馆的床上，忽然注意到窗外常春藤上的最后一片叶子，从此便认定这片叶子是她生命的象征，叶子一落，她就要死了。

一天晚上，暴风骤雨来临，她想那片叶子一定保不住了，于是哭得很伤心。但是，她第二天拉开窗户一看，那片叶子依然如故。于是，她十分高兴，病情也暂时有所好转。

其实那片叶子本来已经被吹落。她看到的叶子是一位老画家为她画在墙上的。

当一个人相信自己能做到某件事的时候，他就能做到——这不仅仅是一句口号。在医学临床上，无数人靠着这个信念战胜了病魔。

在生活或事业中，我们也要尝试这样去做，告诉自己没有战胜不了的困难。只有这样，你的道路才会越来越顺利，越来越光明。

在加拿大安大略省一个落魄的家庭里，有一个名叫吉姆的小男孩。吉姆学习成绩一般，唯一拿得出手的就是扮出各种夸张的表情。

吉姆长大后，决定去美国做演员。他给自己定的目标是一千万美元的片酬。于是他找到一张空白支票，在上面写：支付给吉姆一千万美金。

吉姆就这样开始了他的演艺事业，每天起床，他都拿出这张空白支票看一眼。终于，在 1995 年底，吉姆接到了一个两千万美元片酬的合同。

吉姆不是别人，正是主演了《变相怪杰》《冒牌天神》等电影的美国喜剧天王——吉姆·凯瑞。

吉姆·凯瑞的故事为我们塑造了一个“心理暗示”带来成功的典型范例。事实也是如此，**当一个人遇到困难时，若只知道自怨自艾，妄自菲薄，认为自己不行，那么他就真的会不行**。而像吉姆·凯瑞这样，拼命地鼓励自己能坚持住，就真的能战胜困难。

毛泽东有一句话很出名：“战术上重视敌人，战略上藐视敌人。”说的就是这个意思。我们要在细节和技术上做到完美，但无论面对多强大的敌人，都要抱着必胜的心态去战斗。

这就是“心理暗示”强大的表现，潜意识的主导其实来自心理暗示。**一个人若拥有强大的自信，那么他潜意识的自我暗示一定很强**。**反之，则会被潜意识控制，常常堕入消极，难以自拔**。

将内在责任感转换为动力

很多员工在工作中都因为难以承受压力，不敢勇于承担自己身上的责任，才总表现得畏首畏尾，手足无措。要知道，内在的责任感可以转化为一种动力，唤醒我们潜在的力量，激励我们克难攻坚，始终保持乐观向上的精神状态。

科学家们做过这样一个试验：

在一个森林的角落，把母豹子和小豹子关到一个笼里。科学家把母豹子放出笼子，小豹子仍然关在其中。此后一个月中，母豹子一直徘徊在笼外，越来越瘦，最后萎靡不振。

接下来，按照计划应该把小豹子也放出笼子，但很多人看到母豹子已经坚持不了多久了，就建议不要再放小豹子了，否则母子都活不成。但一位科学家相信母爱的力量，认为小豹子能够成为母豹子的“天使”，便力排众议，放出了小豹子，让它跟着母豹子回到森林深处。

一段时间后，人们认为这对母子肯定已经死在了森林里。正当人们不抱有任何希望时，母豹子和小豹子出现了。人们惊奇地发现，小豹子变得更加强壮、健硕，母豹子也恢复了健康。

原来，母豹子看到小豹子被关在笼中，自己失去了活着的动力，所以日渐消瘦。而当小豹子被放出来后，母豹子就找到了它的责任——抚养小豹子的责任，因此打起了精神，积极地捕食，喂养小豹子。最终，这对母子都健康地生活在了这片森林中。

这就是责任的力量，它唤醒了我们内在的潜能。其实，无论动物还是人，都能通过这种潜能爆发出超乎想象的力量。

每个人都有自己需要承担的责任，责任会带给你压力，同样也会成为动力。**责任是潜能的“催化剂”，能够有效激发你的潜能，让你运用固有的能力完成原本认为不可能完成的任务**。

在列车行驶过程中，一节车厢里传出一阵痛苦的呻吟。大家循声望去，是一位年轻的孕妇，她出现了临产的征兆，痛苦使她的身体扭作一团，蜷在座位上。坐在她身边的丈夫很紧张，赶紧向列车长求救。

很快，在列车长的安排下，年轻的孕妇被抬进了用床单隔开的临时病房。丈夫焦急地告诉列车长，妻子以前难产过一次，孩子没保住。见情况危急，列车长迅速广播通知，紧急寻找妇产科医生。

这时，一位二十岁出头的姑娘害羞地站了起来，小声地对列车长说她是一名妇产科的实习医生，但是参加工作不到一个月，而且还从来没有接生过，对接生的认知仅仅局限于教材。更糟糕的是，今天这个产妇又有难产经历，人命关天，她建议将产妇送往就近的医院进行抢救。

列车离最近的一站也要行驶一个多小时，孕妇已经等不及到医院了。列车长郑重地对实习医生说：“你虽然只是一个实习生，但在这趟列车上，你就是医生，你就是专家，我们相信你。”

姑娘脸上在一瞬间掠过神圣无比的表情，她深深地吸了一口气，昂首挺胸，信心百倍地走向了临时病房。白酒、毛巾、热水、剪刀什么都准备好了，只等关键时刻的到来。

差不多半个小时后，婴儿的啼哭声宣告了母子平安，一直悬着心的乘客们热烈地鼓起掌来。“你从来没有接生过，你是怎么做到的啊？”有乘客问道。

“列车长说我是医生，我是专家，给了我很大的压力。不过，也让我明白了，在这里，只有我能够完成接生这个任务，而且作为这里唯一一个学医的人，我应该担负起这份责任。”姑娘回答道。

以上事例中，从来没有接生过、对接生的认知仅仅局限于教材的妇产科实习医生，之所以能够独立自主，顺利地完成接生工作，正是源于列车长“你是医生，你是专家”的压力，以及她对两个生命的责任感。

其实，责任并非别人给你的负担，而是你勇于挑战自身的自我选择。无论是在工作中还是在生活中，不管事情的大小，唯有勇敢地承担起责任，充分地发挥自己的潜能，你才能比其他人做得更加完美。

因此，在面对各种责任时，不要再把它当作压力，要把它当作挑战自己的积极选择。勇敢地承担起责任，积蓄自己的力量，不断地将自身的潜力一点点地发掘出来，你迟早会实现自己的理想和人生目标。

关注细节

职场中绝大部分是普通人，没有闪亮的光环，也没有众人的瞩目。在日常工作中，大家很显然都在做一些“小事”，但是如果把这些“小事”不当回事，只怕小事也做不好。小事做不到位，自然也就不可能谈什么成功了。

很多大学的毕业生或者刚进入职场的新人，只希望自己能做“大事”，对小事和细节不屑一顾。殊不知，能把自己所在岗位的每一件事做成功，对每一件事负起责任就很不简单了。

约翰·洛克菲勒曾经说过：“听到大家夸一个年轻人前途无量时，我总要问：他努力工作了吗？他认真对待工作中的小事了吗？他从工作细节中学到东西了没有？即便有再高的学历、再硬的学校牌子，如果不认真对待工作上的细节，不将敏捷的判断力、准确的逻辑推理能力、丰富的专业知识和工作中的具体细节联系起来，最终也会一事无成。”如果能将每一件小事都做好，那累积起来就不是小事；如果能将看似平凡的工作坚持做下去，数日后收获的就是不平凡。无论生活还是职场，很多人都心高气傲，只想着“干大事，得到大成就”，殊不知，所谓的“大事”，就是做好每一件“小事”。正如古人所说，“不积跬步无以至千里”，不做好看似平凡的每一件小事，又如何做成一件大事。

刘杨毕业于一所名牌大学，通过面试，以优异的成绩进入一家外企。他胸中豪情万丈，一心想大展宏图。不料上班后他才发现，每日无非是做些琐碎的事情，既不需太多的智慧，也看不出什么职业前景，于是他的心渐渐冷了下来。

一次公司开会，部门同事彻夜准备文件，分配给他的工作是装订和封套。组长再三叮嘱："一定要做好准备工作，别到时弄得措手不及。"

他听了心里很不是滋味，心想：初中生也会的事，还值得你一再啰唆？便根本没理会组长的话。同事们忙忙碌碌，他也懒得帮忙，只在旁边看报纸。文件终于交到了他手里，他开始一件件装订，没想到只订了十几份，订书钉就用完了。

他不以为意地打开装订书钉的柜子，这时才发现柜子里面是空的。他马上求助同事帮他找订书钉。不知道为什么，平时满眼皆是的小东西，现在竟然一盒都找不到。那时距离开会还有半小时，可最近的文具店开车去来回也要半个多小时。

组长非常生气，对刘杨吼道："不是叫你做好准备吗？你不是挺能干吗！连这点小事都做不好，你也好意思叫大学生！"刘杨低头无言以对，脸上却像挨了一巴掌。会后，组长只说了一句话，"记住，工作无论大小都要认真负责。"

后来他说，那是他一生受用不尽的一句话，他深刻领悟到：一定要注重小事，不重视小事，就没办法去干大事。

在你走向成功的道路上，真正的阻碍并非难解决的事情，而是那些轻视与疏忽。就好比案例中一盒小小的订书钉。关注细节是每个员工的责任，每个员工都应在自己的职责内认真对待工作中的每一件小事。

有一个小公司，行政人事部只有三个人，但是每一个员工都一直要求自己认真做好每一件小事，并在工作中都表现出很强的团队精神。

世博会时，为开阔员工视野，给大家提供一个学习和分享世界优秀文明成果的良好机会，公司决定，组织员工集体参观世博会。行政部主管在行政部会议上传达了公司这一决定，并将这项工作的具体责任落实在了黄维和郑晓敏身上。

作为这次活动的组织者，黄维和郑晓敏提前两个星期就开始筹划和准备。他们为了在众多路线中选择一条出游的最佳路线，就事先去轨道交通和公交车站踩点，下车后徒步走到世博园区最近的入口，仔细记录下进入园区的路线。为了在短短的一天游览时间内让同事们有最大收获，他们通过互联网搜索查询本届世博会的精彩看点，还在园区入口处耐心听取工作人员的建议，最后向公司推荐了一幅堪称完美的游园指引图。由于游园时间正值炎热的夏天，为了防止员工中暑，他们提前采购了防暑降温的用品。

实际游园时间只有一天，而且一系列的筹备工作是细小、琐碎而且耗时的，但他俩没有任何怨言，目的就是为了使公司的所有员工能够开开心心地享受一次精彩的世博会。黄维和郑晓敏虽然做的都是小事，但就是在完成一件件小事的过程中，他们享受着一种快乐。

黄维和郑晓敏并没有认为事小而忽视责任，而是非常认真地做好了参观世博会的每件小事，这种认真负责的精神值得每一名员工学习。

工作中的小事，并非是你可以不去做的事，任何一个细节上的疏忽，都会导致最后的功亏一篑。真正受到领导喜欢的员工，就是那些能够不忽视任何一个细节，认真完成每一件小事的人。小事，可以让人锻炼自己，了解到企业当中的每一个环节，通过任何一件小事的完成，自己都能得到学习、得到锻炼。而在工作中总是不把小事当回事的人，也就不会有人把你当回事了。

如果对小事抱着不负责任的态度，那么又如何做出惊天动地的大事？工作中即使最普通的事，也不应该敷衍应付或轻视懈怠。相反，应该付出我们的热情和努力，多关注怎样把工作做得更好。工作中同一起点的两个人，做着同样简单的事，其发展可能截然不同，原因就是有一部分人从不认为他们所做的事是简单的小事。

一个不愿意做小事的人，没有资格也根本不可能成就大事。因为，每一件小事都能反映出这个人有着怎样的责任心，而不去关心这些小事的人，说明他的责任心就不强。一个没有责任心的人，如何能成为一个有成就的人呢？在工作中，唯有装着企业、装着责任心的人，才能成为领航者，才能在工作中乘风破浪、勇往直前。

目标与行动

无论做什么，只有目标明确，知道自己为什么做这件事，才能充满信心，鼓舞自我并坚持下去。当我们拥有这样的心态，自身的“气场”就会强大。比如，在职场中，如果我们只是抱着应付差事的想法，就会给人一种消极对待工作的感觉。

反观成功人士，做某件事时总是抱着积极、毫无怨言的态度，最后也会得到令人满意的结果。同样是做一份工作，为什么会有这样的差别呢？

其主要原因就是，成功人士在工作的时候总是想着这是为自己而做，因为这是自己的事情；有些人却不同，他关心的可能只是把分内的工作简单做完，关心的只是自己的待遇，这是两种截然不同的立场。所以我们看到，前者的气场总是要比后者的气场强大。

李肖萍虽然是一个平凡的姑娘，却有着不平凡的身世。她出生在农村，在自己刚出生时，母亲由于难产离开了人世，之后她和父亲、有智力障碍的哥哥相依为命。李肖萍的父亲在她十五岁的时候由于一场车祸过世，从此家里就只有她和哥哥两个人。

为了照顾哥哥，她一个人做两份工作，每天早出晚归，省吃俭用。

虽然这样，她始终面带笑容面，没有丝毫怨言。

一位老板无意间得知她的身世后，被她的坚持深深地打动了，于是他问李肖萍：“你每天的工作都这么累，生活的压力还这么大，难道就没有一点怨言吗？”

李肖萍微笑着对自己的老板说：“我的所作所为只是为了我自己，哥哥是我生命的一部分，我觉得我做的这一切都是应该的，谈不上什么怨言不怨言。”

如同李肖萍所说，如果把每一件事都看成自己的事情，那么在做的时候还会有什么怨言呢？

在这个案例中，李肖萍面对强大的生活压力并没有妥协、放弃，而是一再地坚持。让她毫无怨言坚持下来的，就是“照顾哥哥”这件事，她将这件事看成了自己的事情。正因为李肖萍没有怨言的坚持，才打动了老板，改变了自己。

众所周知，人生总是要经历波折才能登上高峰。但是有些时候，经历的低谷多于高峰，这时人们就会有怨言，并产生自我放弃的想法。要知道，没有人能够预料未来会发生什么。而对于那些内心强大、目标明确的人来说，他们眼前所见并非只是一件事情是否成功，他们会认为，无论做什么，只要是为自己而做，就毫无怨言。所以，他们总是拥有一个平和的心态，正是这个平和的心态让他们的内心变得强大，成功的概率也会相应增加。

人活在世，总要有自己的梦想。可梦想总归是梦想，放在现实中很容易大打折扣。无论努力的结果是失败还是成功，这个时候你是否注意到，那些没有怨言的人总是彰显出一种不可战胜的自信？因为他们明白，无论做什么，都是在为自己而做，怨言也就随之消失，只有这样才会迎来个人的强大。

一天，一个学问颇深的学者在外面散步，走到一个十字路口的时候遇见了一个愁眉苦脸的警察。于是这位学者就问这位警察：

“警察先生，你为什么这么不高兴呢？”

警察说：“我每天这么辛苦地在这里指挥交通，可是只能得到五十元的报酬，这样的工作真是让我受不了。”

这时走过来一个拿着清洁工具的清洁工。学者看到这个清洁工一脸的笑容，顿时觉得自己的心情也开朗了许多，便问这位清洁工：

“你一天能挣多少钱呢？”

“一天二十元。”清洁工回答。

“你一天才赚二十元，为什么每天还这么高兴呢？”学者奇怪地问。

“这是我的本职工作，而且做得好的话，我还可以拿更多的奖金，让我过上幸福的生活，这都是为了我自己，还有什么不高兴的呢？”清洁工回答道。

警察听到后鄙视地说道：“只有没出息的人才会做这份工作。”

学者说：“你错了，他做的工作是快乐的，因为他没有怨言，所以脸上的笑容足以吸引很多人。而你总是认为自己在为别人工作，你的心里产生了太多的抱怨，脸上没有了笑容，也就失去了吸引力。”

其实案例中所说的“吸引力”就是一个人的内心，内心强大的人对任何人都有很强的吸引力。警察由于没有把工作当成自己的事情去做，因此产生了很多的抱怨，也就丧失了自信。试想一下，一个微笑的人和一个满脸怨气的人站在你面前，你更愿意和谁接触呢？毫无疑问，每一个人都愿意和具有甜美微笑的人打交道，这就是强大的内心魅力。

无论做什么，记得是为自己而做，那就毫无怨言。这句话看似轻巧，但又有多少人能真正明白其中的道理呢？在这个世界上，当我们面对困难的时候，我们是否总是带着抱怨和怒气呢？我们是否真正能够静下来想一想，做这样的事情究竟是为了谁？一个冠冕堂皇的借口总是让人丧气，而一个真实的目的却总是让我们充满力量。

隐秘的你

每个人都希望能了解自己，能听到自己内心最真实的声音，能够为自己解惑、让自己走出困境。然而，每个人都是独立的个体，没有人能够完全理解你，你也不可能完全理解任何一个人。事实上，最理解你的是你自己，你就是自己最好的知音。

学会聆听自己的心声，与自己的心灵对话，才能发现自己最真实的一面。每个人的内心都是隐秘的，都会有阳光明媚的时刻、迷茫彷徨的时候。同自己对话，是询问、倾听自己的心灵。不时问候自己的心灵，倾听来自心底的回答，是对自己心灵的呵护。遵从心灵的指引，做自己喜欢的事，突破自我束缚，是对自我生命的尊重与升华。与自己的心灵对话，询问自己的心灵，不但是对自己的关爱，也是一种精神的解脱，它会促使你从容选择适合自己的路。**从对话中发现自己的不足，改变自己的生活态度，找到解决问题的更好办法**，这样生活才会变得精彩，困惑抑或烦恼也会减少，懂得与自己交流，也是一个人坚强地生活下去的精神源泉。

当你感到烦闷、无助的时候，不妨和自己的心灵来一场对话，寻找自我救赎。

张蓓蓓出生于舞蹈世家，父母是有名的芭蕾舞舞蹈演员。

张蓓蓓从小便开始了舞蹈训练，并多次登台演出，取得了不错的成绩。作为“足尖上的舞蹈”，芭蕾舞的学习并非易事，训练是极其艰辛的。然而对于芭蕾舞热爱者来说，训练可谓是痛与快乐并存。在父母的严格训练下，张蓓蓓的舞蹈基本功很扎实。

完美是一个美好的词，完美的人或物总会让人欢喜。张蓓蓓就这样一个事事追求完美的人，她对自己的舞技也很有信心。每次演出或比赛，无论是群舞、双人舞还是单人舞，她都力求展现出一种极致的美。

一天，张蓓蓓觉得成名的机会来了。她参加了一次国际性的芭蕾舞单人舞大赛，一路披荆斩棘，进入了总决赛。张蓓蓓不只是把它当作一次比赛，更把它当作一次对自我极限的挑战。为了在决赛中更好地表现，张蓓蓓增加了每日的训练时间，加大了训练难度。“挥鞭转”是芭蕾舞的经典动作，也是高难度动作，这个动作也因此成了衡量芭蕾舞演员实力的试金石。“挥鞭转”的圈数以及旋转是否稳健利落，则是“挥鞭转”水平高低的评判标准。张蓓蓓苦练“挥鞭转”，期待在赛场上的完美表演。

比赛如期而至，张蓓蓓如轻盈的天鹅般开始了优雅的舞姿。当张蓓蓓顺利完成一个又一个高难度动作时，观众报以热烈的掌声。高潮来临，全场观众不禁屏住了呼吸，眼中只有不停旋转着，宛若天鹅般的优美身姿的张蓓蓓。当张蓓蓓挥转至三十一圈时，突如其来的头晕影响到了舞步的稳健。一瞬的失误导致了张蓓蓓心情低落，继而影响到了随后的发挥。张蓓蓓最终只获得了季军。

期望与失望是成正比的，张蓓蓓本以为此次比赛自己能表现完美，可比赛的失利让张蓓蓓极其沮丧，并留下了严重的阴影。在之后的日子里，无论是日常训练还是比赛，张蓓蓓不敢再尝试“挥鞭转”。不管她如何告诉自己要自信，可一旦转起来，张蓓蓓就会头晕。在多次强迫自己“挥鞭转”后，张蓓蓓没能有所突破，反而扭伤了脚趾，陷入了绝望之中，并认为自己再也不能跳出完美的舞步了。

看到优秀的女儿变得消沉，张蓓蓓的父母却并不是很担心。他们一直相信女儿的实力，如今女儿只不过是遇到了瓶颈。但是，他们明白，这道“坎”必须女儿自己跨过去，才能涅槃重生。张蓓蓓听从父母的建议，出去旅游散心。一次偶然的机会，张蓓蓓看到宁静湖面上翩跹起舞的白天鹅。高昂着脖子，煽动着翅膀，明明是极其自然的一件事，没有一丝的技巧，却散发着一种动人心魄的美，美到极致。内心被深深触动，张蓓蓓幡然领悟。自己一直想要追求的完美究竟是什么？舞姿美到极致又是怎样的呢？自己内心的恐惧又源于什么？张蓓蓓与自己的心灵来了一次深刻的对话。

再次返回舞台的张蓓蓓突破了自我，仿若经历了一次脱胎换骨。她不再刻意追求技巧与高难度动作，自然而然地把芭蕾的美表达到了极致。张蓓蓓终于明白，芭蕾是一门艺术，所谓的完美，不过是在最需要的时候表达最需要的美。这种情感，关乎于心灵而非技巧，这也是芭蕾的最高难度，也是最终的目标。

静心聆听自己的心，了解自己内心的真实想法。只有如此，才能不被生活的浮云遮住双眼。

我们在生活中难免会受到情绪与情感的困扰，逃避、寄希望于他人是不能解决问题的。只有听从内心的声音，才能舒展自己的心灵，解决问题，成为自己的主人。

1. 关照心灵，与自己对话。

当你对未来迷茫时，不妨与自己进行一场对话：你想要的是否是现在的自己，你是否满意这样的生活，你是否甘心目前的状况，你的生命、你的追求、你所经历的一切大大小小的事，但凡有所困惑，就要多问问自己，这样你才不会被一些乱七八糟的情绪所困扰。

2. 排除心头乌云，积极面对挫折。

遇到困难，以积极、健康的心态来面对。正确看待得与失、快乐与痛苦，不让自己被生活的压力压垮或埋没。懂得卸下心灵的包袱，去除内心的压抑。

与自己的心灵对话，不让幸运从身边溜走，主宰自己的人生。

形成“自我暗示”心理

关于自身的力量，人们通常都会认为主要来源于生理。事实上这一观点是错误的，人生最大的力量源，其实是“自我暗示”，这一神秘莫测的力量往往影响着人生的走向。因此，你要敢于探索它，这其中，想象是最好的工具。

小时候，我们曾做过这样的实验，用手敲打膝盖，小腿就会不自觉的踢出，这就是“膝跳反应”。除此之外，人体还有另外一种本能反应，当觉得自己是个成功者时，内心会不自觉地强大，挺胸昂头，嘴角露出微笑，眼神也变得坚毅起来。

科学家们做过一个实验，把水平相当的篮球运动员分成三个小组，告诉第一个小组停止练习，随便投篮玩耍；告诉第二组，每天坚持一个小时的运动量来练习投篮；告诉第三组要相信自己的投篮一定能进，每天都给自我这样的心理暗示。

一个月后，科学家对三个小组进行考核，结果，第一组队员的投篮水平由 39% 降到 37%；第二组队员由于在体育馆坚持练习，平均水平达到了 41%，较之前提高了两个百分点；第三组队员通过想象练习，平均水平达到了 42.5%，较之前提高了 3.5%。

什么原因让想象投篮练习比普通练习的成功率还要高呢？其实很简单，这就是积极暗示心理的奇妙之处。暗示是成功不可或缺的因素，想象是成功者最好的“工具”，这并非迷信，而是一种科学。

其实第三组球员就可以代表成功，因为他们善于通过想象暗示自己是一个成功者，不断地创造或者模拟着他们想要获得的经历，结果他们内心的力量得到了增强，成功的事情越来越多，最后真的一个个成了成功者。

有句话在无数的励志书中出现：“生动地把自己想象成失败者，会使人不能取胜；生动地把自己想象成胜利者，将带来无限的成功。伟大的人生始于你想象中的图画——你决定成为什么样的人，或是被暗示成什么样的人，意志或者动机的驱动力就会使你做那样的事情、成为那样的人。”

美国“投资之神”沃伦·巴菲特的成功就是最好的证明。

沃伦·巴菲特于1930年出生在美国小城奥马哈。他幼年时家境不好，父亲因为投资失败，生活非常清苦。看着父母因为衣食而犯愁的脸庞，年幼的巴菲特立志要成为一个有钱人，让自己的家人过上衣食无忧的生活。他拿着铅笔在纸上写下这样一行字：“虽然我现在没有太多的钱，但是总有一天我会很富有，这些数字代表着我未来的财产，我的照片也会出现在报纸上的。”

巴菲特在青少年时期从事过很多职业：饮料销售、杂货铺的帮忙伙计、高尔夫球童和报纸送递员。他在九岁的时候就经营了两家专门从事二手出租生意的公司，生意红火了一阵子；十一岁时，他投资了三只股票，并从中捞到了他人生中的“第一桶金”——五美元；1945年，十四岁的巴菲特用自己赚来的钱买了四十英亩的土地，变成了小地主。

1957年，巴菲特积累的财富就有五十万美元之多；五年后，他的财富翻了十四倍，到了1967年，他已经拥有六千五百万美元的资产，成了名副其实的千万富翁。在巴菲特迈入七十九岁高龄的时候，他的资产已高达六百二十亿美元。同时，他也成了世界上最成功的投资者。对于商界来说，他真是一个千年一遇的奇才。

提及自己的成功，巴菲特解释道：“我的成功并不复杂，少年时代我有一本爱不释手的书——《赚到1000美元的1000招》，这本书用一些白手起家的故事来激发人们创造财富的欲望。那时候，我总是沉醉于创业成功者的故事里，想象着自己未来的成功景象：站在一座金山旁边，自己显得多么渺小。如此，我总会发现自己有了一种从来没有过的自信，刺激着我不停地奔向成功。”

拥有好的心态才会有一个好的结果。将自己想象为成功者，对自己的能力抱有信心比缺乏信心的人更有可能获得成功的青睐，有句话是这样说的：“不想当将军的士兵不是好士兵。”这句话适用于各行各业。

成为一个成功者的重要前提，就是利用积极的心理暗示给自己

树立强大的信心。花点儿时间想象一下，现在你正坐在豪华的办公室或会议室，正在统筹规划公司的发展远景，也可以想象随之而来的巨额报酬和发号施令的权力……这些都有助于你保持心情舒畅，保持强有力的自信心。

还有一种有效及简单的想象方法，以成功者的姿态出现，将身体伸展成一条完美的直线，昂首、挺胸、四肢自由舒展。如果你认为成功者需要精致的钱包和名贵的衣服，那么不妨从今天起设法穿戴上这些象征成功的东西，你会因此感受到成功对你的召唤，同时也会给别人留下一个好的印象。

成功者到底每天在想什么？成功者每天在做什么？复制成功者的想法，复制成功者的行动，每天花两分钟时间做一做，这样坚持下来，你内心的力量将得到开发，引导你慢慢接近想象中的成功。

练习："暗示心理"的形成

当你疲惫、困惑时，请将以下方法落实：

☑回想你曾经的成功，设想未来工作上的突出成绩。

☑在脑海中想出自己度假时曾去过的最美的地方，并回忆自己看到的景观，在脑海中形成影像。

☑大脑需要休息，或者需要高度集中时，听一些自己喜爱的音乐。电子音乐会让你进入一种高度准备的状态；而安静的背景音乐会让你得到放松并慢慢思考。

☑无论面前的任务多艰难，都相信自己有办法完成，一旦你真的去相信这个信念时，它就会真的起效。

☑重复不断地发出一个音节或一个你喜欢的词，使自己放松。

☑感觉就是相信。如果有件东西或者事物你很想去实现，请用你所有的感官去接触它。比如你心仪的一辆车，去试驾它，或者观赏它，这样会更容易达到你的欲望目标。

☑想象一下你已经拥有了想要的东西，这时你的感觉会怎样？你越多地感受那些积极的感觉，就越可能吸引那些你想要的东西。

第三章

做内心强大的人

思考：判断自信与自卑

闭上双眼，假设自己遇到以下问题，请思考答案：

当公司有一位外形优秀、工作能力强的同事时，你的想法是：

自卑：别人比我好。

自信：我不羡慕他人，我有自己的处事方式。

遇到一件让你感到高兴的事时，你会：

自卑：如果我被误解和批判呢？

自信：如果让我开心的事没有困扰到其他人，其他人想什么并不重要。

有一个非常重要又紧急的任务：

自卑："我应该开始吗？"向别人咨询前无法自行决定。

自信：自行决定，并负起做出决定后所需承担的责任。

∴•➡ 遇到一位心仪的人，但是你的感情很可能要低到尘埃：

自卑：同意任何关系。

自信：关系中应该有和谐的，不喜欢的话就快结束这段感情吧。

∴•➡ 在做每件事之前，你会想：

自卑：我做的事 99% 都是失败的。

自信：我做的事不一定完美，我应该尽量做最好的自己。

增强自身控制力

有些人在面对突发事件时，总是能做到处变不惊、运筹帷幄，这种强大的气场令人折服。他们之所以会给人这样的感觉，完全来自他们个人的控制感。试想一下，你在做一件十分有把握的事情时，你的内心是怎样的？必定是信心满满、不慌不惊，即使有一些让你意想不到的事情，你也会有条不紊地处理，因为你心里有数，有控制的能力，能够控制事情的发展及走向，所以你也就没有了所谓的无助及绝望。这就是控制感带给你的能力和气场。

那些内心强大的人，最重要的一点就是他们有很强的控制感。即便在面对压力和打击的时候，他们也能掌握好自己的命运，将一切打理得井井有条。

这里有这样一则小故事可以说明这个道理。

一头小象从小就被拴在一个小木桩上。刚开始，小象一直想要挣脱拴它的木桩。它努力了一次又一次，却发现不管自己怎么努力都无法挣脱，最后，它不得不放弃，并认为自己是无法挣断绳索的。随后，小象长大了，小木桩对它庞大的身躯来说根本不值一提，只要它稍微用力一走动，就会脱离木桩。可是，那只长大的小象依旧被拴在木桩上。

通过这则小故事可以看到，小象的失败经验已经让它的内心失去了控制感，最后放弃了自己。

一个做科研的工作人员来到一所疗养院做实验：他将刚到疗养院的老人随机分成了两个组，一个组自己有控制权，另一个组则没有。

对给予了控制权利的一组，研究者把他们安排到了一个小屋子，然后对老人们说，养老院将会给予他们最好的生活条件，但是他们的生活依然要自己来负责，一些生活上的决定他们必须要自己做出。

他们需要做出决定的内容包括房间布置的样式、电影要在何时放映、听什么样的音乐等等。最后，研究者给予这一组老人每人一株小植物或者一个小动物，并要求这些老人照顾它们。

而对于另外没有给予这种权利的一组，研究者也为这些老人提供了同样的生活待遇，但他告诉这些老人的是：只要在这里安心养老就好，其他什么事情都不用操心，一切大小事务都由养老院来安排。同样，他最后也给了每个老人一株小植物或者一个小动物，不同的是，他告诉这些老人，这些植物及动物只需要自己欣赏就可以，不需要他们来照料，有护士帮他们来照料。也就是说，他们不需要做任何事情。

过了一年之后，实验结果表明，给予了自由控制权的这一组的老人生活得更加快乐积极，并且能够和他人有很好的沟通，死亡率只占15%；相反，没有这种控制权的老人则郁郁寡欢，精神状态明显不如从前，而且死亡率达到了35%。

其实，案例中所讲到的自由安排一切的权利就是一种控制感，有控制感的老人懂得规划自己的生活，他们将命运掌握在自己的手里，于是他们能够主动去选择喜欢的生活方式，从而增强了生活的动力，让内心有了追求和希望。在日渐强大的内心中，他们也逐渐找到了生活的乐趣。反之，没有控制感，将会对生活产生一种厌倦感，久而久之，内心就会变得软弱而没有方向感。

真正影响一个人控制感的，是人们能否主动掌握自己的命运。控制感会决定人们面对压力时的心理感受和处理方式。

一个人的控制感越强，他的内心就会越自信。这种自信会让他有勇气和力量面对生活的挫折和打击，令他的气场逐渐强大。他的控制感越强，解决事情的能力就越强，这样的人会充满激情地生活。反之，**控制感弱的人，生活中总是弥散着无助和绝望，他们会怀疑自己的办事能力，觉得上天不公平**。其实，这不过是他们内心不够强大的表观。

那么，如何能够增强控制感？

1. 主动调整自己的情绪

控制感强的人往往拥有平稳的情绪。很多时候，一个人的情绪往往反映了他的生活态度和生活状态。生活中难免会遇到压力，学会用积极的情绪去面对问题会让内心变得强大。一个时刻保持乐观积极情绪的人天生拥有一种特别的感染力，这种感染力在社交场合中往往能够出奇制胜，赢得他人的瞩目。

2. 主动独立解决问题

一个能够独立解决问题的人必然有一个强大的内心，这基于他对于自己的信任。控制感强的人，必然能够在面对一件事情的时候做出自己的判断，并能够尽自己的能力去解决问题。所以，当生活中遇到一些问题的时候，我们不应该回避，而是应该尝试想办法去解决问题。

当问题被解决的时候，你的内心也会获得极大的满足感。当你将解决问题当成一种习惯的时候，你的气场就显现出来了。

其实，也可以把控制感理解成为一种骨气，一种控制力，一种斗志。比如两个接受同样磨难的人，一个人自认霉命，认为没有可能去战胜这种困难，找不到战胜这种困难的方法，因此他会受尽这种磨难的折磨，也许是一辈子；而另一个人在与磨难做斗争的过程中找到了战胜困难的方法，因此他在每次遇到这种磨难的时候都能很快地解决，能够控制这种磨难的腐蚀。结果是显而易见的，后者的意志、自信心、积极性肯定要比前者的强很多。

一个人的控制感，就好比这个例子，公司要精简人力，有的员工开始自暴自弃，而那些内心坚定的员工则相信自己是优秀的，自己是不会被替代的，他们反而比以往更加卖力工作。

自我认知

生活中，可能会有这样的人——他绝对是众人眼中的老好人，每个人说起他来都是点头称赞，对待家人从来都是任劳任怨无微不至，对待自己的朋友也是真诚相待，哪怕他对待一个路上遇到的陌生人，也会尽自己最大的努力去帮助别人。他从不会因为自己所受的辛苦和委屈而有任何的抱怨。

这种人似乎很完美，因为他有这么一颗善良无私的心。但是心理学家却认为，这种对他人过分友善的行为可能是一种病态。工作中，我们肯定有去讨好某个人的时候，特别是在领导面前，行为举止也大多会在意领导的眼光，办公室里常常会上演在老板面前点头哈腰的一幕。

但是那种只想着取悦他人的人，也要为此付出昂贵的代价。这种人似乎总是处于一种不安全的状态，不相信自己，他们不能承受生活带给自己的压力和失败，而且讨好他人的时间一长，就会愈发地感到自己被孤立。就像巴巴内尔在他的《揭开友善的面具》一书中写道:“极端无私是一种用来掩盖心理和情感问题的性格特征。”

工作中讨好他人的手段肯定是需要的，因为一个人能力超群并不代表这个人就一定能得到老板的青睐，你的能力比他人强只能说明你是一个好员工，一个优秀的工作人员。老板会赏识你的工作能力，如果要器重你，就要综合其他因素，比如你的人格魅力。

小王家里很有钱，因为从小就对出口贸易感兴趣，大学毕业后寻觅了很久，终于找到了一家满意的公司。

刚进公司时，小王表现得异常热情，对每个同事都非常有礼貌。小王每次有什么问题要请教的时候，总会热忱地称对方为“老师”，因为她觉得这是对他人最大的尊重。但是同事们对这个称呼都觉得非常别扭。

有一天，小王为了答谢多日来同事们对她工作上的帮助，决定请他们吃饭。同事们都以为就是普通的饭馆之类，没想到居然是一家五星级大饭店，这让同事们面面相觑，惊讶得不行。结账的时候，服务员给了小王一张近三千元的账单，小王二话不说直接付钱，在座的同事觉得这顿饭太贵，感觉自己亏欠了小王。

出了饭店时间还早，小王又说请大家去 KTV 唱歌，但是同事们听了都连连摆手，以各种借口推辞离开了。

在以后的日子里，小王每天都会给他们带来各种各样的小礼物，每次送的东西都不便宜。同事们自然也不好意思一直收她的礼物，也不好拒绝，于是只能又买了东西还礼。渐渐地，小王的这个举动让周围的人越来越反感，后来只要小王说要买什么东西大家都直接拒绝她，而且还和她保持一定的距离。

遭到周围人冷落的小王心里十分不解，她对每个人都这么好，为什么大家会对她这种态度呢？

其实，小王不知道，工作中重要的不是如何讨好他人，而是怎样去提高自己。如果你只知道盲目地讨好周围的人，反而会失去周围人对你的尊重。

如果你想得到周围每个人的认可，让每个人都对自己满意，费尽心思博得他人喜爱，甚至不惜牺牲自己的健康与快乐取悦别人，这种努力是徒劳的。成为老好人的你，并不会被他人惦记你的好。这种友善无私的好，实际上是对人际关系缺乏安全感的表现，是对拒绝、敌意等消极情绪的畏惧，反面折射出了你的自卑与自责。不做老好人，你才能活得自我。

在小玲的认知中，说“不”，是一种不好的言行。上学期间，小玲就从来不拒绝同学的要求。帮同学带早餐，一带就是整个学期。教室的扫帚、拖把似乎成了小玲的专属物，只要地板脏了，无论是轮到哪个同学值日，同学一起哄，小玲便面带笑容拿起工具。她有时也会感到累，也会不想动，只是当同学们一个劲地夸奖自己，或者埋怨自己怎么变懒了的时候，小玲便会立刻拿起卫生工具，投入到劳动中。但当小玲自己需要他人帮忙时，却没人愿意相助。

大学毕业后，小玲在一家公司工作，仍旧是同事心目中的“老好人”。只要同事有需要，小玲随叫随到。有时由于自己正在工作中，抽不出身来帮助同事，之后还得笑脸道歉。为同事沏一杯茶，倒一杯咖啡，跑个腿拿些材料……成了小玲的专属工作。当小玲偶尔做得没能完全符合同事的心意时，小玲也会受到他们的抱怨。可是当下次同事再让她帮忙时，小玲还是会答应，亦更加小心翼翼。

小玲有时也会觉得不情愿，但她担心自己的拒绝会伤害同事间的感情，而且自己所做的事真的只是小事。小玲的人缘很好，公司里的人都喜欢她，小玲也很享受这种感觉。小玲帮助别人，并没有想要有所回报。她心甘情愿地帮助他人，他人心安理得地接受小玲的帮助。

因为搬家去了另一个城市，小玲辞去了工作。当小玲惦记着同事打电话给他们时，他们只是不停地抱怨小玲走后没有人再帮自己端茶送水。直到这时，小玲才开始有所醒悟。自己从来无法对别人说“不”，成了众人眼中的老好人，却失去了自我。

当你成了众人眼中的大好人，不要为此感到庆幸，而是该自我警醒，是否自己已成为了老好人的“牺牲品”。

当你讨好这个人的时候，就证明了自己不如这个人。与其这样不情愿地讨好别人，不如将更多的时间花在增强自身上。

讨好他人也需要灵活变通，如果你将自己的尊严都丢弃了，还指望谁会来尊重你呢？这些人只会觉得你就是一个没有能力的人，一个只会卑躬屈膝没有自我的人。所以，讨好他人一定要慎重。

接纳自己的不完美

我们总是希望自己是一个完美的人，总是怕别人看出自己的缺点，这样会让自己很没面子。其实，世界上没有谁是完美的，每个人都有缺点。对人或者事物要求过高，刻意去追求完美与圆满，内心中不能接受一些缺陷和不足之处，便成了人生烦恼忧愁的根源。南怀瑾先生认为："事物或人有缺陷并非是坏事情，有缺陷才能够促使其更加努力，才能够逐渐地趋近于完美。"

的确，生命像是一篇高低起伏的乐章，高低起伏才能够显得更为生动和鲜活，所以，生活的真相便是"不如意十有八九""此事古难全"。世间是没有真正完美的事物的。若一味追求完美，也是一种不完美。

有这样一则故事：

一座山上的寺庙中有几十个和尚。有一天，寺庙方丈觉得自己时日不多，就想从弟子中间找出一个接班人来接替他，然而，弟子个个都十分优秀，他自己也不知道应该如何选择。

几天后，方丈想出了一个办法，将他的弟子全部都叫过来，并吩咐他们去寺院后面的树林里各自找一片最为完美的树叶回来。所有的弟子都不知其中的道理，但是仍旧按照师傅吩咐的去做了。

他的弟子们来到树林，暗想：这么多的树叶到底哪一片才是最完美的呢？冥思苦想，他们仍不知道如何是好，但师父交代的任务根本不能够应付，更不能不做，于是，便在树林中仔细地辛苦地寻找起来。结果到天黑都累得气喘吁吁了，他们也没有能够找到"最完美的树叶"，最终空手而归。

只有一个小和尚这样想：这里的树叶这么多，每片树叶都有其独特的美。于是便随便捡了一片，早早地回到了寺院里。

方丈见众人两手空空，便问他们："你们都没有找到吗？"这些弟子都说："我们竭尽全力地在寻找，但是根本没有最完美的。"唯独那个小和尚十分平静地把一片树叶交给方丈。方丈惊讶地说，"你确定这片是最完美的吗？"小和尚回答道："是的，虽然我不知道您说的最完美的树叶是什么样的，但我认为我拣回的树叶是最完美的。"

最终，方丈宣布那个捡回树叶的弟子将成为自己的接班人。

方丈的众多弟子竭尽全力也没能找到"最完美的树叶"，其根源就在于他们没有弄明白世间根本不存在完美事物的道理。

可能有人会说，我为事业付出了自己全部的精力，最终升了职，达到了自己的目的，不是一种完美吗？更多时候，一味追寻的所谓的"完美"只是人们心中的一个美丽的错觉。要知道：世间任何事情的发展都是相对的，即使这一面看似达到完美了，另一面也难免会有缺陷。就像许许多多爱岗敬业的职员，一味地在事业上追求完美，付出了自己的全部精力和时间，也得到了一些回报。然而在另一方面，他们却丢掉了家庭、健康。对于事业来说可能已经做到了极致，但对家庭和健康来说是一种缺陷。

无可否认，追求完美是人的一种天性，这并没有什么不好。人类也正是在追求完美的过程中不断地完善自己，创造出五彩缤纷的世界。如果真的只因一点点缺憾或者一点点不足，便顽固追寻、耿耿于怀，那样就失去了一个适度的平衡，也是为自己自寻烦恼。因为你必定会要为那理想中的完美，那百分之零点几或者百分之零点零几的缺陷付出加倍的精力、时间、资源等等。更何况，世界上百分百的完美根本就不存在，我们所谓的完美只是一个极具诱惑力的口号，一个漂亮的陷阱。

同样，任何事物都有不尽完美的地方，人都是有缺陷的，只有放宽心，才能促使自己更加努力，就像南怀瑾所说："必须要带一点病态，必须要带一些不如意，总要留一些缺陷，才能够促使他更加努力。"这样才更容易达到最后的成功。

在大草原上，有一头雄壮的狮子叫信巴，它从小就立下雄心大志，长大后一定要做一头草原上最为完美的狮子。通过几次经验教训，信巴发现，狮子虽被称为兽中之王，但是在长跑中耐力却远远不如羚羊，这便是兽中之王最大的弱点。也正是因为有这个弱点，很多时候，到嘴边的羚羊却因为追不到而白白跑掉了。野心勃勃的信巴想方设法要改变自己的这个缺点，通过长期对羚羊的观察，它认为羚羊的耐力与吃草有关系。为了增强自己的忍耐力，信巴就学着羚羊吃起草来。最终，信巴因为长期吃草的缘故变得很瘦弱，体力也大大下降。

信巴的母亲得知这一情况后，教育它说："狮子所以能够成为草原之王，不是因为其没有缺点，而是因为它们在长期的生存过程中能够时时地更正自己的缺陷，才超越其他动物的。例如狮子天赋特长需要熟练掌握的：超强的爆发力，卓越的观察力，精准的扑咬等等。若是一味地追求完美，会导致自己的天赋和特长都不能运用，反而达不到目标。"

听了母亲的话，信巴真切地认识到自己的错误，开始突出训练自己的优点，两年后，它终于成为大草原上最优秀的狮子。

哲人说："不求尽如人意，但求无愧我心。"要知道，在这个世界上，真正的完美是不存在的。追求完美只是一种憧憬，一个向往，只是生活的一个过程和体验而已，只要做到问心无愧就是一种完美了。

"为山九仞，功亏一篑"虽然是一种遗憾，但"金无足赤，人无完人"是一条亘古不变的真理。**人生总会有不尽人意的事情，出现缺憾，我们仍要保持一颗平常心，对于各种得失、缺憾和成败都泰然视之**。如此才会发现缺憾就如那断臂的维纳斯一样，也是一种美，这样也就不会为了如同空中楼阁的完美而耗费掉自己的心血了。

只有留一些缺陷，才能使自己做到更为完美。任何一个人都不是十全十美的，也不可能做到哪方面都比别人强。一方面的突出特长便已经非常优秀了，若是还要事事处处追求完美，最终可能连特长都会退步。

独立思考

一位大师曾经说过这样一段话："同样是一件蓝色礼服，你们不要只是看这衣服的款式和颜色，不管他们看上去是多么普通，在我看来，只要加上一条腰带，都会使它成为另外一件不同凡响的礼服。"

也许，我们普通人在看相同颜色的礼服时，并不会看出它的不同，而这位大师能够看出它的不同就是因为他具备独立思考的能力。

对于这些有较强的独立思考能力的人来说，当所有人都只看到事物表面时，他会从另一个角度去看待这个事物，会思考事物的不同面。正是因为这样，他才能够获得无限的创意，才能获得心灵的自由，体现出自身的与众不同。

笛卡儿曾提出过一个哲学观点——"我思故我在"，这个观点的意思是："我无法否认自己的存在，因为当我否认、怀疑时，我就已经存在！"可见，一个人是否能够体现出他的"在"，完全在于他的思考能力。

当然，每个人都有思考能力，可我们看到，有些人就像墙头草，哪边风大就往哪边倒。他可能在思考，可是他的思考是跟着别人的，也就是说，他的思维经常受到他人的干扰，人云亦云，没有一个坚定的立场，这样的人给我们的印象总是那么无足轻重。相反，有些人在处理某件事的时候，总能提出独到的观点和见解，能坚定自己的想法，在平凡的时候让我们心中一震，成为现场的亮点，主要原因就在于他具有独立思考的能力。

王晓磊是某公司的一名新职员，刚到新公司，干劲十足。在公司工作了几天之后，他发现上司总是要求他按照他们的工作流程和工作模板完成工作，策划部总是被动执行上级所下达的活动策划内容，而并非自己去主动完成一些活动的策划。他在想，是不是我们能够自主策划一些项目呢?

有一次，王晓磊向主管提出了这个问题，但主管认为，我们公司现在已经是一个非常成熟的公司，策划部门没有必要单独花时间去研究新提案。

尽管被泼了冷水，但王晓磊仍在思考着一些有价值的方案。在完成部门所交付任务的同时，他依然愿意花时间研究新的策划方案。不久后，王晓磊经过自己的研究及思考，终于完成了一个很满意的策划方案。

做完方案后，王晓磊将策划方案直接交给了主管。主管很不理解地拿起了方案，心想:“放着轻松的日子不过，干什么要给自己找这么多事呢？”最后，主管通过程序把这个方案递给了总经理。

总经理看后觉得这个方案十分具有创造性，居然决定开展这个项目，这是主管、王晓磊以及他们部门的员工都没有想到的，而且总经理直接任命王晓磊担任此方案的负责人。一夜之间，部门所有的员工都向王晓磊投来了倾羡的目光。

要想具备独立的思考能力，就要有自己独到的见解。我们看见那些老好人、那些跟着大部队走的人总是那么的平庸不起眼，浑浑噩噩一辈子。离开的时候，很少有人知道他来过这个世界，这是一件多么可悲的事情。因此，要让自己的内心强大，就应该有独立思考的能力。如案例中的王晓磊，即使被拒绝也要坚持自我的主张，展现出独立坚韧、令人信服的人格。同时，个人的内心的强大也是自信外露的表现，这种气场是由内而外散发出来的。**他独立的思考，充实了他的内心，继而凸显了他强大的气场**。

黎利群是某公司的一名员工，身体瘦小，很不起眼，可是最近几天，他却成了公司众所周知的人物。

这几天，世界上发生了很多事情，同事们在工作之余或者吃饭的时候总会讨论一些热门话题。比如近期日本发生的地震，就成了大家茶余饭后热烈讨论的话题。由于各种媒体的真假信息不断传入大家的耳朵，纵然身在千里之外，也不免会有一些担忧，尤其是灾难后出现的“盐荒”，致使大家的担忧急剧增长。

中午大家在食堂吃饭，又谈起了这个话题。小马说：“现在日本的核泄漏越来越多，波及范围已经越来越大，我们难免会受到影响啊！”小谢说：“我们离日本还远着呢，不可能影响到我们的。”就这样，大家你一言我一语地说着，甚至可以说是争论着。

这时，黎利群说话了。首先，他对日本的核泄漏和切尔诺贝利核事故的严重程度进行了比较，对日本目前所采取的措施进行了分析；然后，他对自己所在地与日本的距离、最近一段时间的风向等做了一些科学的分析及说明；最后得出一个结论，日本的核泄漏对我们的影响是很小的。

同事们听了黎利群的分析，都惊讶地看着这个平平常常的小伙子，其中一个新员工问一个老员工：“这是我们公司哪位领导啊？”

这个案例中，我们看到黎利群虽然没有出众的外表，但说话有条有理，而且语言也没有咄咄逼人，所以大家都被他折服，这就是他强大的内心形成的自信。可他的自信是如何得来的呢？

他的语言和其他人的语言相比，显然更能显示其独立思考的能力，他能够将一个问题有条不紊地分析出来，从而很清晰地得出让大家折服的结论。正是因为具备了这种独立思考的能力，他的心灵才得以自由。这样的人在人群中总是能成为大家的核心人物，人们都会因为他具有的这种气场而听从他的意见。

曾经有人说过这样一句话：“大学的‘灵魂’就是独立思考，自由表达。”对于我们个人来说也是如此。陈寅恪说：“自由之思想，独立之精神。”一个人的思想不出现在禁区，不被束缚。一个大师之所以会有常人所不具备的内涵、定力及文化底蕴，就是因为拥有了这种独立思考的能力，他们也是因为有这样的自信，从而在人群中鹤立。

独立思考是一种习惯，这种习惯来源于：**你面对事物的时候保持冷静、积累事实**。保持冷静能够让你想得更深、更远；而积累事实则是帮助你思考的物质基础。当然，独立思考并不是空想，而是需要在事实的基础上进行思考，这样才能开启我们自由的心灵。

通过外在感染内在

记得在军训的时候，教官总是要求我们走路要昂首挺胸，站立要挺直背脊，只有这样才能体现出一个人的气质。其实，这也是一种自信的散发，这种由内向外的自信足以影响到在场的其他人。

我们在看国庆大阅兵的时候，对那些军人的走姿及站姿印象最为深刻，当他们走过天安门的时候，你是否有一种被强大气势所震撼的感觉呢？

从心理学的角度讲，一个有着充分自信的人站立时必然是背脊挺直、胸部挺起、双目平视。而这种站立姿势也留给人们器宇轩昂、意气风发的感觉；反之，倘若有人站立时弯腰曲背，则透露了他内心封闭、意志消沉的状态。

所以，一个人的走姿及站姿影响别人对他的印象，不同的姿势能够表现出不同的气场。

如果一个人站在你面前表现出一副无所谓的样子，弓着背、眼睛斜视、走路左右晃动，你是不会主动接触他的，因为你可能会怀疑这个人是小偷。如果是第一次见面，有这样走姿及站姿习惯的人是没有人喜欢的。因为，一个习惯上的微小细节，就会影响到我们外在的气场。

一家贸易A公司和一家出口B公司进行商务谈判。A公司的规模较小，B公司的规模比较大，是一个集团化的公司。在此之前，B公司认为和A公司合作有些纡尊降贵，不但降低了自己的身份，而且还没有利润可赚，于是B公司的代表抱着谈谈看的心态去和A公司进行了谈判。

B公司的代表周飞按照惯例去机场迎接前来谈判的A公司代表王先生。

周飞来到机场后，就站在出站口举着牌子等着王先生一行人的到来。

在人来人往的机场，首先映入周飞眼中的是一位中年人，他在人群中非常显眼，走路昂首挺胸，脚步表现出一种厚实的沉稳。中年人脸上带着平静的表情，他一边走一边在找寻着什么人。周飞感觉到这肯定是一位大老板。

突然，这个中年人向周飞露出微笑的表情，并且向他走过来，这让他很不知所措，难道这个人就是A公司的代表王先生吗？

中年人走到周飞面前，微笑着对他说："您好，您是周先生吧，我是A公司的代表王先生。"

周飞恍然大悟，他看着王先生站在自己面前，身躯笔直，脸上带着自信的微笑。这种气场很快就让周飞折服了。

在接下来的谈判中，周飞也不敢再轻视A公司了，在一些问题的处理上很是恰当，彼此之间的谈判非常顺利，很快就签订了合同。

通过案例中王先生的行为举止我们可以看到：即便是一个走姿、站姿这样微小的动作，都会影响到你所带给人的直观感受。由此可见，**一个人的走姿和站姿会给他人留下深刻的印象，即便一句话都不说，也能透露出一个人的内心**。

好的走姿和站姿能够展现出个人的精神状态，它所传达出来的是一种对人生的态度。同样，一个人的内在也能够从他的走姿和站姿上体现出来。

当你走进会议室准备开会或者演讲时，走路的步伐一定要铿锵有力，慢步走的时候不可以拖拖拉拉，像穿了拖鞋一样，要像国庆阅兵的战士那样走出自己的气势。

那么，让我们来解读一下一个人的站姿、走姿与气场的关系。

1. 挺胸抬头、双目平视的人

这类人一般非常有主见，有强烈的自信心，给人一种不卑不亢的感觉，通常气场非常强。与之相反的是低头弯腰、有惶恐不安的人。

2. 两只手叉在腰间站立

这个动作给人一种傲慢的感觉，不太容易接近，但同时表现出的也是一份自信心。

3. 靠墙壁站立

这是一种很不自信的站立方式，给人的感觉是轻浮、随意，所以在正式场合不可以这样站立。

除了以上几种站立方式外，当然还有很多不同的站立方式，这要根据我们平时的场合而定。

也许我们在站立的时候会找寻最舒服的姿势，比如，身体斜靠在某个物体上面，或者是双腿交叉等等。但你没有意识到的是，这样的站立姿势往往给人一种懒散的感觉。试想，当你在公众场合看到礼仪小姐也是如此站立的时候，你还会对她充满好感吗？

所以，站的时候同样要抬头、收腹、挺胸，但胸不要挺得太突出，眼睛要平视，给人一种不卑不亢的感觉。无论在哪种场合，都要保持这样的姿势。

走路就要昂首挺胸，这是我们小时候经常受到的教导。但是，很多人习惯了自己的走路姿势，比如弯腰驼背，眼睛盯着地面行走。殊不知，这样的走路姿势往往会给人一种没有自信的感觉。

对于一般人士而言，走路的时候要抬头挺胸，不要低着头，就好比T型台上的模特，眼睛不要斜视。走路时不能太快也不能太慢，要表现出一种稳重，两手自然垂直并轻轻地前后摆动，这样会给人一种自然的感觉。

站姿和走姿是一个人气场最直接的体现，这是留给对方很重要的第一印象。是否能够体现出自己的气场，完全取决于你的站姿及走姿。所以，当我们能够控制自己的站姿及走姿的时候，就能够控制自己的自信力。

练习：内心训练

☑练习 1：训练专注能力

舒服地坐在一个安静的环境中，闭上眼睛，放空自我，缓慢呼吸，定时一分钟，把注意力集中到呼吸上，并关注每次呼吸，聆听它的声音，感受生命的旋律。

☑练习 2：察觉自身，面对真实自我

闭上眼睛深呼吸，回想自己一天中的经历，无论事情重要与否，现在的心情如何，想象身体内有另一个自己，真实的自己，这个自己渐渐地走出了身体，来到一边，他看着你，看到你眉头紧锁，不堪重负，以及肩头的重大责任；或者看到你的紧张和焦虑，你的畏畏缩缩，不敢发声，不敢表达。另一个你，非常冷静地观察你自己，深入到内心地剖析你自己。而你在此刻，看到了真实的自我，并决定直面这个自我。

☑练习 3：转移不良情绪

舒服地坐下或者躺下冥想，嘴角微微上扬，给自己一个微笑，或者大笑。回顾自己身上的重担和眼前的问题，轻轻将重担放下，想象你所顾虑的每一件事情都在慢慢远离你。但是它们并没有消失，一直在远离你。你不再为结果负责，不用顾及一切，可以安心休息。无论是怎样的结果，你不是最大的受害方，所以，从容地去面对吧！

☑练习 4：挑战心理舒适区

走出去，做一些对自己有挑战性的事。比如，与陌生人对话；准备一次公开演讲；参加聚会，并大胆地介绍自己。总之，你害怕什么，就去做什么，从这些细小的事情开始。每当你做成一次，就给自己一个鼓励和奖赏，让自己记住这种成功的感受。久而久之，跳出心理舒适区会为你带来的改变。

☑练习 5：想象自己成功的那一刻

回忆过去的辉煌时刻，记住你曾经的美好。想象自己将来要成为的样子，感受周围人羡慕和赞赏的表情。挺起胸膛，嘴角微笑，双手背后，笔直地站立，感受这样的姿势，感受自信的感觉。

第四章

管理情绪，释放天赋

思考：判断你的天赋

通过“SIGN 法”来判断自己的天赋。

1.Success：你的自我效能感很强，觉得自己做每一件事都能成功。

比如，当你看到综艺节目时，会想象自己在台上主持的样子；参加企业内训时，会考虑到一些培训者没想到的问题。

2.Instinct：发自内心、迫不及待地积极尝试。

比如，你第一次画水彩作品时，得到了称赞，便对水彩画有了兴趣；每次看到智力积木时总有尝试的欲望，动手后发现自己的能力比其他人强。

3.Grow：你发现自己的学习能力很强。

比如，你学绘画、舞蹈、乐器时比其他人掌握得快。一个绝大多数人都知道的例子是：丁俊晖第一次打台球，就比他的父亲打得好。

4.Need：事情结束后内心充满满足感与快乐，很享受其中的过程。

比如，有些人特别喜欢讲课，喜欢在人们面前传授自己的知识；有些人喜欢写作，认为自己的文章、思想传达出去是一件乐事。

摆正心态

快乐是一个既简单又复杂的问题。人活一世，都希望自己快乐。生活的美好就在于拥有快乐的心情，但只有明白了快乐的真谛，才能收获真正幸福的人生。

快乐是一种发自内心的真实情感。真正的快乐是人性的自然流露，并不为外物所左右。尽管金钱可以充实人的物质生活，却只能满足人生理上的需要，无法满足人的精神生活。

真正的幸福人生，是要充分展示出生命的价值，而不是通过金钱所衡量的。众所周知，道德修养、知识学问是金钱买不来的。

左右你幸福的因素只有一点——你的心态是积极的还是消极的。

心理学家说：心态积极与否决定着人生的幸福程度。心态消极的人不仅不会得到幸福，相反还会被幸福排斥。即使幸福就在身边，他们这些人也是浑然不觉。

一个人历尽千辛万苦，终于找到了天堂。他欢天喜地地喊着："我来到天堂了。"这时，天堂大门的守门人诧然问他："这里就是天堂？"欢呼者顿时傻了眼，"你不知道吗？"

守门人不解地摇着头："你来自哪里啊？"

"地狱。"

守门人茫然依旧。欢呼者嗟叹："你不知道天堂的原因，是因为你没去过地狱！"

当你口渴的时候，水便是你的天堂；当你心中有梦想，那么实现梦想便是你的天堂；若是你现在感到无比痛苦，那么幸福便是你的天堂。凡事都有两面，只有将天堂和地狱放到一起，才能真正体会到天堂的美好含义。

幸福在哪里？这是幼年时期被问过无数次的问题。其实幸福就在我们的心中。只要我们的心灵是敞开的，你就会看到幸福就在不远处向我们招手。

一位锄地的人看到一只鸟在天上飞过，便感叹道："鸟儿真苦啊，四处飞翔只为觅得一口食物。"另一位倚窗怀春的少女叹气说："它真幸福，能够展翅飞翔。"不同的人看到相同事物时所产生的见解和感觉也有所不同。心态积极，你就会觉得有一种希望油然而生；失意悲观，你就会失落感叹。当自己的理想没能实现，你就会悲观，失意。

有一位小学教师做了一次心理实验，实验对象就是她的学生。

老师告诉他的学生："数据证明蓝色眼睛的孩子比棕色眼睛的孩

子智力要高，各方面也相对于比较优秀。”说完，她把学生按照眼睛颜色分成了两组。

一周后，“棕色眼睛组”的孩子学习成绩明显下降，“蓝色眼镜组”的孩子学习成绩显著提高。于是，老师又向学生宣布，她自己把眼睛颜色弄错了，正确的数据统计显示应该是——棕色眼睛的孩子智力要高于蓝色眼睛的孩子。于是，一段时间过后，“棕色眼睛组”的孩子成绩提高了，而“蓝色眼镜组”的孩子成绩却又下降了。

心态决定命运。曾经统治罗马帝国的伟大哲学家马尔卡斯·阿流士说过的一句话就很好地诠释了这个道理——“生活是由思想塑造的”。

如何运用思想？你把生活想成是天堂，它就是天堂，你把生活想成是地狱，那么它就是地狱。

幸福是什么？幸福就是把工作干好，有大把睡觉的时间；幸福是什么？幸福就是拥有一些不分彼此的朋友，能够相互分担对方的痛苦，分享对方的快乐，尽管各持己见，却永远互相尊重；幸福是累了的时候洗个热水澡，渴了的时候喝一杯加冰的可乐；幸福简单地说其实就是一种乐观积极的心态。你拥有着这种积极的心态去对待生活中的每一件事情便是拥有了幸福。

我们想快乐的事情，就会快乐，想痛苦的事情，就会痛苦；假如我们想的全是失败，就会屡战屡败。因为一个人对事情的偏见，才使得他受到事情的伤害。如果你感受不到快乐，那么唯一摆脱不快的方法，就是让精神振奋，这样才能找到快乐、幸福。

简言之，幸福是我们对周围环境和人生满足、和谐的一种状态。人生的幸福大多是自我意识形成的，因而，幸福无所不在。

错过不是过错

我们不是圣人，经常会无意中错过一些事情。或许你曾经因为疏忽，忘记了与女友约会的时间，忘记了女友的生日；或许你忘记了某个重要的面试日期，错过了获得好工作的机会；或许你错过了最后一班回家的公交车，错过了与亲人团聚的机会……面对这些，你是不是整天都在抱怨与叹息之中度过呢？

如果你的回答为“是”，请马上停止。因为你的人生大可不必如此，错过了爱情，你还有朋友；错过了工作，你还有自由。也许有一天，你会惊讶地发现：原来错过并不是一件糟糕的事情，反而可能是一种幸运。既然如此，又何必抱怨、叹息呢？

一年，美国一所著名的大学在中国招收学生，但名额只有一个。被招收学生的全部费用将由美国政府来出。很多学生报名参加了初试，但初试结束后，只有十几名学生能进入下一轮面试。到了面试的那一天，这些学生以及他们的家长都来考场静候面试。主考官刚出现在考试大厅，学生们便一拥而上，将主考官团团围住。他们用流利的英语和主考官交流，甚至还做起了自我介绍。然而，其中有一名学生由于动作太慢，没能接近主考官，为此他心里感到了一丝失落与懊恼。

这名学生认为自己不可能被录取了，垂头丧气准备去考场外散心。就在这时，他突然发现大厅的角落里站着一个外国女士，正在茫然地看着窗外。学生心想：她不会是遇到什么麻烦了吧？我过去看看能不能帮上她的忙。于是，学生走向那位女士，有礼貌地跟她打了招呼并简单介绍了一下自己，最后问："您是不是需要帮忙呢？"女士说："谢谢你的好意，我暂时不需要。"接下来，女士又问了一些这个学生的情况，两人越聊越投机，谈得很愉快。

第三天，这个学生收到了主考官的通知，他被录取了。这个学生得知消息后十分高兴，后来他才知道，原来那位女士就是主考官的夫人。

不要因为错过而懊恼，也许你正因为错过而即将收获到出乎意料的结果。在生活中，我们做任何事都应该竭尽全力、不求回报地去完成，即使结果并非那么完美，也不要失望，更不应为此停止前进的步伐。要相信，永远都有机遇在不远处向你招手。

其实，错过本身未必不是一种美丽，从长远来看，这些错过未必就是更大的不幸。如果在种种情绪的背后，你时常为错过感到庆幸而不是抱怨的话，那么恭喜你，你已经学会欣赏错过了。

我大学毕业的那一年，进入了北京的一家公司当职员。从我家到公司坐公交车需要花费半个小时的时间，每天一早就要挤公交车。虽然半个小时的路程并不长，可是因为这辆公交车有几站停靠在地铁口附近，所以每天都非常拥挤，我常常因为拥挤而心生烦恼、抱怨。

一天，我起床稍微晚了一点儿，在公交站等了三辆车都没有挤上去。心里懊恼不已，抱怨自己的运气怎么就这么不好。无奈之下，只能再等下一辆公交车。等到公交车停靠在站牌时，人们还是一拥而上，我虽然“努力”了，却还是被挤了下来。望着渐行渐远的公交车，看着上班时间越来越近，我心里更加着急，心情也跌到了冰点，差点决定步行去上班。

就在这时，后面又来了一辆公交车，由于等车的人已经不多，所以我顺利地上了车，过了两站，还得到了一个座位。最终，我正点到达公司。

从今以后，不管错过什么，我都淡定地告诉自己——错过也是一种收获。可能目前还没有看到收获，但并不代表收获不存在。也许，它就静静地待在那里，等着你挖掘、感悟、拥有它。

同样的事情，你可以因为这件事意志消沉，也可以因为这件事更加坚强，而这其中的关键，就在于你如何去面对它。如果你坚信生活是美好的，并用坦然的心态面对，那么你的心情必将是快乐的。同时你也会成为一个幸运的人。当你不再因为错过怨天尤人，不再为不确定的将来忧心忡忡，那么，你就能够从中得到生活的乐趣，收获属于自己的硕果。

化抱怨为动力

遇到不满的事情时，大多数人都把抱怨当成了情绪发泄的主要方式。殊不知，这种抱怨的发泄方式，不仅不能平息自己的不满情绪，反而很有可能“火上浇油”，让自己的心里更加不满。

情绪其实是一种驱动力，当你情绪高涨时，即使是他人有意冒犯，你也能化消极为积极，更愿意参加某个活动，接近某种事物，或者接近某个人。相应的，当你做这些事的时候，更易激起你的积极情绪。否则，当你心情低落时，会自主产生厌恶、反感、排斥的情绪，往往想要远离周遭的一切。只有当你自觉地把不满情绪转变成你的动力时，才能很好地处理情绪所带来的负面影响。

当你不信服某个人的所说所做，却又奈何不了对方时，不妨把不满转化为行动的力量，努力工作，最后成就一番事业，用结果来证明对方的错误，让对方心服口服。

其实，无论何时何地，你都有可能遭遇他人的嘲讽与打击，这时发泄情绪并非是明智的选择，有时即使你获得了一时的快意，却仍旧改变不了事实，甚至会引起连锁反应，让你的情绪变得更糟。忍字当头，将不满情绪转变成自己前进的动力，你会发现自己进入了一个新天地，你想要的改变也会随之而来。

第一次世界大战期间，法国的十余万华工需要人服务与协助，刚从耶鲁大学毕业的晏阳初立即报名参加了美国青年会战时活动，前往帮助当地华工。

为了争取战争的胜利，在法华工不辞辛苦地努力工作。然而他们远离故国亲人，思念家人却不能与之联系，甚感痛苦。晏阳初了解了这种情况后决定帮助他们。当时电话使用率极低，一般靠书信传递信息。由于这些华工几乎都不识字，晏阳初只能代他们写家书。华工太多，晏阳初经常熬夜写到天明。

一天一位外国友人来访，看到晏阳初坐在信纸堆里写个不停，不禁揶揄道："你们华工一字不识，纯粹是一群苦力。"

友人话语中对华工的轻视让晏阳初很不舒服。他不服气，却无力反驳。华工每天工作十个小时以上，的确是苦力。但是他们是为了人类的和平而工作，值得让人敬重。晏阳初决心要改变外国人对华工的看法。经过观察，晏阳初发现华工极富学习潜能，于是他决定教导他们读书识字。

然而在行动开始之初晏阳初就遇到了难题。首先是课本问题。作为国人入学启蒙的三字经显然不适合作为华工的教材。经过对华工多次的走访，晏阳初从中文字典与国内报纸杂志常见的文字中选出一些单字片语，再结合华工日常习惯用语，最终挑出一千余字作为基本教材。再者是招生问题。大部分华工对于晏阳初开办的读书识字课堂并不看好，即使晏阳初多番游说，最初也只有四十人参加。当四个月后四十人完成学业能用一千多字自行书写家书时，华工才踊跃报名参加。晏阳初还把已经受过教育的华工分派去教导其他学员，有效地利用了人力资源。

晏阳初本着一颗为劳苦大众服务的心，采取治本的恰当方式，通过开设教华工读书的识字课堂，大大增加了他们的识字率，使华工不但能够自行书写家书，而且提升了他们的自信心，也让外国人对华工刮目相看。回国后，晏阳初也对国内农民的低水平教育进行了改造，并最终成了中国著名的平民教育家及乡村建设家。

每个人的想法都不一样，你不能阻止他人对所发生事情的轻视，但却可以用不一样的结果让他人改变看法。晏阳初在意友人对华工的嘲笑，但他没有把不满直接发泄出来，而是化愤怒为动力，找出解决难题的根本方法，不畏艰辛，终究收获了友人的敬佩与自己的事业。生气可以是一枚炸弹，也可以化作动力，关键在于你的态度。**能控制自己情绪的人，无疑是生活的强者；而善于利用情绪动力的强者，才会是成功的人。**

探索天赋中的成长点

伤疤里面写着成长。正视生活带给你的一切伤害，你就会发现，任何一个伤痕，都不会无缘无故地出现在你身上。你要像读书一样读它们，像感悟哲理一样感悟它们。

在公园的长椅上，坐着爷孙两个人。

爷孙俩都是犹太人，他们虽然都是美国国籍，但犹太人的思想和精神一直印在他们的骨子里。爷爷是他们家第一个来到美国打拼的犹太人，公司做大后让儿子接手，自己和孙子享受天伦之乐。

这天，爷孙俩玩着玩着有些累了，便坐在这张长椅上。旁边就是一丛一人多高的枫树，这是公园在秋季比较有特色的景观之一。

不到七岁的孙子跟爷爷说着自己的理想——例如长大要造变形金刚或者把终结者当成自己的宠物等等。爷爷笑着望着孙子，不但从未感到厌烦，还对孙子丰富的想象力非常感兴趣。

突然，爷爷神秘地对孙子说道："我们玩一个游戏吧？"

孙子一听是游戏，立马来了兴致，拉着爷爷的手问："爷爷，什么游戏？快告诉我！"

爷爷说道："游戏很简单。你看，长椅的靠背上是一根横木，你可以在上面走，就像走独木桥一样。怎么样，想玩吗？”

孙子把右手的食指放在嘴边想了想，道：“爷爷，我是很想这样玩。可是，走在上面要是摔下来怎么办？”

爷爷笑了：“别忘了还有爷爷！我可以扶着你啊！”

孙子还是有些害怕。爷爷说道：“难道你还不相信爷爷吗？”孙子又想了想，最后终于点了点头。

孙子在爷爷的搀扶下，先爬上长椅，最后爬到长椅靠背最上面的横木上。横木很窄，勉强能容下孙子那小小、窄窄的一只脚。在爷爷的搀扶下，孙子像模特走猫步一样，一只脚前一只脚后地在横木上走着。

不一会儿，孙子就笑道：“爷爷，真好玩！太刺激了！”

爷爷这时候却不笑了，他突然把还在扶着孙子的手松开。孙子完全没料到爷爷会这样做，立即失去了平衡，像马戏团刚学走钢丝的人一样，左右摇晃了两下，重重地摔到了地上，左膝盖还磕破了皮，“哇”地一声哭了。

接下来爷爷做的事情，可以很明显地看出他让孙子摔下来是“早有预谋”的。只见他从裤袋里掏出两个创可贴，撕开其中一个，贴在孙子的膝盖上。但是他并不哄孙子，更没有向孙子说“抱歉”。只是平静地看着孙子哭泣，虽然眼睛里有些不忍。但是最后直到孙子止住眼泪，他都没有说一句话。

等到孙子不哭了，爷爷才说道：“孩子，你一定在恨爷爷。恨爷爷为什么没有扶好你，恨爷爷为什么说话不算数，说好不放手的最后却还是放了手。”接着他拉着孙子的手，两个人重新坐回长椅。爷爷继续说道，“其实这是我们犹太人的传统。在孩子很小的时候就要想办法让他们知道，在这个世界上活着，有两样东西你必须记住：第一，要有一颗明白的心；第二，要随时准备受到伤害。”

接着，爷爷跟孙子解释放手的原因——就是想让他知道：世界上充满了欺骗，要随时准备受到伤害。身上多了伤疤，也就多了经验。

可能爷爷的话太过深奥，以至于孙子能不能听懂还是一回事。但犹太人教育孩子的传统就是这样的。而其中的含义，并不只有那些孩子们才适用。孙子看着自己贴着创可贴的膝盖，肯定会想：至少爷爷下次再跟我说玩什么游戏的时候，我要考虑一下他到底会不会再像这次一样放手了。那个小伤疤，成功地教会了他一些东西。而且“伤疤教育”非常有效，在短短的几分钟里，可以让一个人很容易地记住什么是教训，什么是有用经验。

其实每个人对“伤痕”都应该有这样的心理：无法避免，就努力开采并汲取身上每个伤疤里面蕴藏的营养。仔细观察和体会，我们便会发现，每一个伤疤上面，都写着两个闪亮的字：成长。

美国海军陆战队退役人员德姆，有着雄壮的肌肉，超强的反应能力。没错，他确实是一名优秀的军人。但是退伍之后，他除了去超市当搬运工，一直找不到更好的事情做。而且，有一次在酒吧喝酒，跟别人发生口角，他一拳就把对方鼻梁打折了。如果不是对方撤诉，他可能还会吃官司。

德姆像丢了魂似的，整天无所事事，他觉得自己这辈子完了。只有在军队里，他才能发挥出自己的作用，但是现在他已经退役了。

突然有一天，超市起火。他拼命救出了三个人，但是最后自己却被大火困在了里面。等消防人员把他从火海里救出来的时候，他的烧伤面积已达65%。原先一拳能把别人打晕的手，现在连拿起刀叉都非常费力。他曾经能负重一口气跑十公里的腿，现在却不怎么听使唤了，想上厕所还要被人搀扶。他原先的脸是非常英俊的，带着军人特有的刚毅之气。而现在，拆了绷带之后，他照镜子只用了几秒钟，便发誓再也不照镜子了。

现在他浑身上下都是被火烧伤的疤痕，很多地方就像树皮一样。他开始厌恶自己，本来觉得生活已经很没意思了，现在却雪上加霜。他不止一次地想到自杀。他没办法接受原本英俊的自己变成现在这副样子，连他自己都骂自己是世界上最难看的小丑。有一次，负责看护他的护士对他说道："美国是个自由的国家，如果你非要自杀的话，没有人有权利干涉你。但是，上帝既然让你在火场里活下来，说明他还是想让你活下去。希望你好自为之。也为你的亲人以及你救过的那三个人想一下。如果你死了，他们会不会伤心？"说完，这位护士走了。

听了护士的话，德姆想了很久。好在护士的话终于起到了作用，他最后决定坚强地活下来。他想：虽然我变成了这副样子，但是，换来的是三个生命，已经很值得了。他开始积极地配合治疗，很快就能够自己穿衣服和上厕所了。手能够比较稳地拿住刀叉，再也不用吃饭的时候让别人喂了。

四年之后，他参加了国会议员的竞选，并拿到了硕士学位。他还认识了一个姑娘，两个人非常投缘，很快就坠入了爱河。如今，他已经成了美国的公众人物，许多单位或者团体请他去演讲，他还成了美国环保组织的一个中坚人物。

德姆在自己健全的时候，对生活失去了兴趣。但是，现在的他开始了全新的生活。

伤疤里面蕴藏的是经验和力量，能让一个人更好的认识世界。它们帮助一个人成长，促使一个人成功。

形成“空杯心态”

人生有时像大海，总有潮起潮落，既要经历潮起时的澎湃心情，也要经得起低潮时的失落和伤心。生活是一个漫长的路程，这样的潮涨潮落我们不知道要经历多少次。没有潮落的对比，就无法彰显出潮起的美丽和壮观。

所以，不要因为一次失败而去否定自己，否定自己，就意味着你失去了信心。一次的输赢并不能代表你的一整个人生，我们要以一颗平常心对待输赢，输了又如何，大不了从头再来。

1989 年，大学毕业后的史玉柱开始了自己的创业之路。他向别人借了四千元钱作为启动资金，然后开始研发排版软件。这个项目，让他在短短几个月内就拥有百余万元的资产。借着这股干劲，两年后，史玉柱成立了新公司，主要经营电脑和软件，也仅仅是这两项，就让他拿到了高达三亿六千元的销售额。他所经营的公司，一度跃升为中国第二大民营高科技企业。

1995 年，史玉柱又将触角伸向了保健品，先后推出了十二种大家熟知的产品，迅速占领了中国保健品行业的高端市场。这一成就让他登上了《福布斯》富豪排行榜，而这距离史玉柱大学毕业只有六年。

然而，得到一切的史玉柱却遭受到了一次重大的人生危机。由于财富的迅速积累，让史玉柱掉以轻心，在接下来的日子里，他展开了一系列盲目的扩张和投资，渐渐地，资金链断裂了。三番五次后，史玉柱走到了破产的边缘。一夜之间，这个年轻的富豪变成了一无所有的穷人，更可悲的是，他还背负上了两亿五千元的债务。

当时，人们都觉得史玉柱完了，这个巨大的打击换了谁都难以承受。然而，史玉柱却做出了让所有人都没有想到的举动，他不仅没有认输，而是再一次以一个超人的姿态迅速站了起来。

1998 年，史玉柱和老部下开始了二次创业，仅仅两年时间，他们所开发出的保健品“脑白金”成了家喻户晓的产品，销售额每年都在突破。这一次的成功，不仅让史玉柱在短时间内还清了所有的债务，还让他再一次变成了一个拥有巨额财富资本的成功者。

但这仅仅是个开始，2007 年 11 月 1 日，史玉柱迎来了再一次的腾飞——他所创办的“巨人网络”在美国纽约交易所成功上市，这次飞越使“巨人”成为当时国内最大的网游公司，以及在美国上市的最大的中国民营企业。

经历过风雨的史玉柱，用不怕输、不低头的良好心态迎来了人生一道绚丽的霞光。

每个人都有可能经历失败，但经历失败不一定是坏事，它往往会让我们看清自我。犯错不要紧，只要我们能从错误和失败当中吸取经验，并有勇气从头再来，就一定能超越困境，迈向成功。但前提是我们需要让自己保持“空杯心态”，随时随地都有勇气接受归零的人生。

假如当初史玉柱不具备这样的“空杯心态”，一味地沉浸在昔日的荣光和现实的落差里，那么，被破产的公司和两亿五千元债务所压制的史玉柱永远都不会有翻身之日。

只有保持“空杯心态”，敢于随时主动倒掉昔日的成功光环，接受今朝溃败的教训，选择一切从零起步，才能成为在困境中绝不放弃希望的榜样和经典。

就像幼蝶在茧中挣扎也是生命过程中不可缺少的一部分，逆境也是我们一生中不可或缺的因素。破茧的过程，能让幼蝶的身体更加结实，翅膀更有力，而逆境的历练，是为了让我们懂得如何能够以强壮的心态面对人生的风雨。

正如巴顿将军所说的那样：“成功的考验并不是你在山顶时会做什么，而是你在谷底时能向上跳多高。”

德国著名考古学家海因里希·施里曼家境贫寒，十四岁时就因为家中经济贫困辍学在杂货铺当学徒工。但海因里希·施里曼自幼向往铁马金戈的特洛伊疆场，陶醉于铿锵悦耳的荷马诗篇，希望自己有朝一日探挖古迹，寻找出化为废墟的特洛伊古城。

为实现梦想，海因里希·施里曼投入商业，并在经商贸易中获得了大笔利润，业务蒸蒸日上，不久便成为商界巨富。但是他并没有懈怠，反而更为勤奋地学习古希腊语与拉丁语，为实现少年时代的梦想而坚持不懈地努力着。

四十二岁时，海因里希·施里曼为能够顺利地发掘特洛伊遗迹而做了大量准备工作。海因里希·施里曼说：“我现在拥有了很多财富，说明年少时梦想的果实已经成熟。回想我的经商历程，虽然一直忙碌，但也没忘记特洛伊遗址，我有信心一定能达到所希望的目标。过去，我因为没有财力，一直在拼命积累财富，使其作为梦想实现的基础。现在，我已经拥有了这样的基础，而目标也就在眼前。我不再为经商多费心力，而是将后半生全部投入到梦想的实现中去。”

海因里希·施里曼无比激动地说：“虽然我知道道路上会遇到无数的困难，而且已经有了一次又一次的失败和打击，但我仍然不会放弃，咬紧牙关拼命向前。既然我有了目标，我就要用我的一生去实现这个目标。”

最终，海因里希·施里曼成功地实现了自己的梦想——特洛伊遗迹的出土，标志着他为世界考古学做出了辉煌成就。

面对挫折，海因里希·施里曼始终不改初衷，坚持自己的梦想，并为此不懈奋斗，最后获得了成功。显然，一个人的意志越是坚定，他就越有抗击挫折的力量。

在现实生活中，很多人都经历过逆境、挫折，在遇到困难时都觉得自己一文不值。但我们的生命，怎么可能会被一两次挫折、困难改变，我们的价值又怎会因此而变得一文不值呢？

人们之所以会看不开，很多时候是因为内心被恐惧填满。所以，想要避免这种痛苦，就永远让自己保持“空杯状态”吧！

天赋的起源——适合

很多敏感的人都觉得自己是社会中多余的那个，这个社会中没有自己适合的角色，没有自己的空间。其实不然，每个人在社会中都有自己适合做的工作，只是看你能否寻找到恰当的位置，以及能够使自己施展抱负的空间。

很久以前，有一只乌鸦非常羡慕在高空中翱翔的老鹰，很想像老鹰一样来一个漂亮的俯冲，抓住草地上的小羊。于是，乌鸦天天模仿老鹰的动作拼命练习。过了很多天，乌鸦觉得自己已经练得很棒了，就从树上猛地冲下来，扑到一只山羊的背上，想完成老鹰那样完美的捕猎。但是，由于乌鸦的身子太轻，就落到了山羊的背上，爪子也不小心被山羊身上的毛缠住了，它拼命地拍打翅膀，想要从山羊的背上逃脱，都失败了。前来赶羊的牧羊人看见了，把乌鸦抓了去。乌鸦不但没能像老鹰那样抓住小羊，反而失去了自己的生命，乌鸦的盲目模仿上演了一场悲剧。

只要有常识的人都知道，俯冲抓羊的动作适合老鹰，却不适合乌鸦。但是，这只可怜的乌鸦却以为自己能成为一只像“老鹰”般的乌鸦，简直荒唐可笑。可是在一笑而过后，你是否有那么几秒钟的顿悟，是不是也在这只乌鸦身上看到了某个时候自己的影子？曾几何时，你是不是也像这只乌鸦一样，因为看到别人的光鲜，就盲目地跟从，最右却做了一些不适合自己的事呢？

就像人在买鞋买衣服时一样，三十六码的脚就只能穿三十六码的鞋，高大的身材不能穿小号的衣服，一定要最适合自己的尺码才最舒适。即使是再昂贵、再精致的东西，如果不合适你，也只能当成摆设，它本身的价值也就得不到体现。

很多敏感的人总是在将就与勉强中度日，那是一件多么痛苦的事。如果你选择了不适合自己的路，就像穿上了不合脚的鞋走路一般，会异常艰辛，甚至会把自己陷入无法自拔的沼泽。

适合，对很多敏感的人，甚至对我们每一个人来说都太重要了。在感情中，我们要找到适合的伴侣，这样才有一起营造幸福的激情；事业中，要找到适合的工作，这样才有奋发向上的动力；生活中，要找到适合的人生方向，这样短暂的一生才不会遗憾重重。

很多时候，也许你的适合得不到身边人的理解，甚至会遭到强烈的反对。可是，如果你觉得那是最适合你的，就一定要坚持，因为只有坚持，才能让时间证明你的正确。如果你因为得不到认可就委屈放弃，最后一定不会只是遗憾那么简单。能对自己的人生负责的只有自己，除了自己，没有人会为你的错误埋单，连最亲近的人也不能，所以我们在听取别人意见的同时更应该问问自己，这适合我吗？当然，你坚持自己的选择的前提是，这必须是你经过深思熟虑后确定适合自己的。

已参加工作两年的李兵最近从某政府机关辞职了，自己开起了小吃店。他决定放弃令所有人羡慕的公务员工作时，不仅让周围的人吃惊不已，更是遭到了家里人的强烈反对，父亲甚至以断绝父子关系相要挟。

李兵很苦恼："我在机关里每天重复同样的工作，拿着固定的工资，生活没有一点激情。我觉得年轻人应该多闯多拼，我希望自己能通过创业更快地成长，就算失败也无所谓，毕竟我还很年轻。"就这样父亲才勉强同意。经过几年的磨炼，酸甜苦辣都尝尽的李兵变得比以前更成熟稳重，而且自己创立的公司也走上了正轨。看着颇有成就的儿子，老父亲笑了。

很多人都已经认识到，**适合自己的才是最好的**。不要一味地邯郸学步，因为适合他人的不一定适合自己；也不要勉强自己去做自己根本无法做到的事情，那样有可能适得其反。只有找准适合自己的位置，才能在工作、生活中得心应手，取得良好的成绩。

保持乐观心态

“祸兮福所倚，福兮祸所伏”，福与祸是相伴而行的。人的一生，既有夺目耀眼的时候，也有暗淡萧条的时候。当好事降临到你的头上时，不要狂喜不已，得意忘形，要学会淡然。同样，当有厄运降临的时候，不要过度悲伤，自暴自弃，你应该把厄运看得开一些，因为厄运有时也会在不经意间给你带来福气。

所以，我们每个人都应有“拿得起，放得下”的心态。得与失是一体的两面，得也好，失也罢，我们都应以平常心去看待。

生活中，有些人常常会因为婚姻的不幸或事业的不顺苦恼不已，觉得生活没有意思，暗淡的心境使自己终日沉浸在痛苦的境地，安娜就是这样的人。不过，她也是幸运的，因为她在遇见一个人后便彻底改变了这种心态。

曾经，安娜是个患得患失的人，她经常因为得到一个东西狂喜不已，又因为失去一个东西而悲痛，她是一个很容易被得失左右心情的人。

安娜在纽约经营了一家杂货店，由于经营不善，杂货店不得不倒闭。店铺的倒闭使她背负了不少债务，生活的困境让安娜无法面对，她甚至想用自杀的方式结束自己的生命。

正当她郁郁寡欢地走在街上时，迎面走来一人。严格地说，那个人是迎面“滑”来的。因为他没有双腿，也没有双手，他坐在一个装有滑轮的小木板上，完全靠双臂夹住一个支棍滑行。当他和安娜的目光接触时，他没有像普通的残疾人那样下意识地躲开对方的目光，低头前行，而是有礼貌地笑了笑，并热情地打了个招呼：“早安，女士！天气真的很不错啊！”

那一瞬间，安娜的心被震撼了，她想：这位缺了双手、双腿的人能如此快乐地活着，自己作为一个四肢健全的人，还有什么理由自怨自艾呢？与他相比，自己有手有脚，是多么富有啊！

从此以后，安娜像是变了一个人，她学会了在失意时微笑，得意时洒脱；学会了用平常心去对待生活中的各种事情。

故事中的残疾人在艰难行路的时候还不忘微笑着和路人打招呼，足见其礼貌；没有双手和双脚，仍然乐观，足见其勇气和自信；木板托起的滑行生活中，仍能留意到好天气，足见他的豁达。

确实，和那些四肢不健全的人比起来，我们是幸福的。可是为什么还有那么多人感到世界不公、命运不济呢？想必是因为过分看重得失吧！得到某个东西后狂喜的人，失去后必定狂怒。喜怒之间，足见他们患得患失的心态，在得到之前，担心得不到；在得到之后，虽然兴奋不已，却又担心失去。这种只顾眼前得失的人的目光是短浅的，是不利于个人的长远发展的。

人生不如意之事十之八九。如果你想过得开心，活得轻松，不妨多把精力放在好事上，尽量不要被坏事牵着鼻子走。坏事的降临通常意味着你会失去，比如失去好心情，失去既得利益，失去健康等等。如果你明白不幸、挫折以及失败是人生的必经之路，用平常之心淡然看待，你就能走向成熟，走向快乐。

有一个没有右手的人，丝毫没有因为失去右手而自卑和失意，反而在众人之中侃侃而谈，成为焦点。在工作中，他是一个积极进取的人，凡事都会争着去做，是公司最优秀的骨干之一。在众人看来，他虽然缺了右手，却并没有影响他的正常生活。

有人好奇地问道："难道你从来没有意识到自己与别人有什么不同吗？你缺了右手，会不会感到痛苦呢？"

他笑了笑，回答道："我和别人是有所不同，因为我少了一只手，但是这有什么关系呢，我只有在某些特定的时候，才会注意到这一点。"

因为既然失去右手已经成为了事实，在乎它也就没有任何意义了，毕竟，失去的手不会因为你的关注和在意而重新长回来。不在乎是为了让自己不在压力下生活，不把挫折的不良影响人为地扩大。可以说，这就是平常心在挫折和不幸面前的表现——不以得为喜，不以失为忧。

人生有两大乐事：追求的过程和享受我们追求到的成果。这种积极的心态可以让我们更加专注于我们的事业。拥有良好的心态，我们才能更加冷静地去处理各种问题，享受点点滴滴的快乐。

其实，我们每个人的成功，都受环境因素的影响，绝非一个人的功劳。因此，得到时要学会感激；失败时不能一蹶不振。只要奋斗拼搏，才能无愧于心。这样我们才能赢得一个广阔的心灵空间，才能在人生的旅途中把握自己，超越自我。

练习：找到自己的天赋

阅读完本章，你是否对自己的天赋有了认知。那么，请坐在一个安静的地方，拿出笔，记录以下问题的答案。

1. 将每七年划为一个阶段。分段回忆，寻找自己生命中的天赋迹象，将迹象填写到 SIGN 方格中。（SIGN 分别对应的是：S—自我效能、I—热爱、G—天赋、N—需求。自我效能指人对自己是否能够成功地进行某一成就行为的主观判断，与自我能力感同义。）

S	I
G	N

1 ~ 7 岁

S	I
G	N

8 ~ 14 岁

S	I
G	N

15 ~ 21 岁

S	I
G	N

22 ~ 28 岁

2. 从每个年龄阶段中寻找共同点，并且提炼出来。比如：演讲、沟通、谈判。

第五章

天赋与激情

思考：认识自己的激情

你是否常有对某件事投入很多激情，却以失败告终的经历？这时，你需要了解自己并开导自己。

➡ 你是否在一天的工作、学习结束后，找出小部分时间和自己单独相处？你对自己的反思大都在哪一方面，请记录下来。

➡ 当你对某件事感到不安心时，找到使自己不安的点，反问自己原因并记录。得到答案后，分析原因。

➡ 想想自己所喜欢的事，找出原因，并根据该原因扩大自己的爱好范围。

➡ 回忆你最近的一次愤怒，并分析原因，找到它的对立面（激情）并加以落实，这样会学到对自己而言非常重要的东西。

- 找到“毒害”你生活的人，斩断他们对你的“控制”，想一想自己到底是谁，自己的能力、激情在哪里。

- 将自己最重要的经历，以及那天发生的事写下来，几天后分析回顾这次经历，了解自己，从不同的角度看待人生。

- 找到自己的价值以及人生中最重要的东西，确定自己的核心价值。

- 记录你一直想尝试却没有勇气或时间尝试的事，形成一个目标推动自己完成。

充满激情地对待任何事

前一阵，有位朋友向我诉苦，说自己的工作收入少，工作内容乏味单调，每个人只知道互相倾轧，钩心斗角，工作起来压抑无比，不堪其苦，不知道怎样才能改变这种现状，找到一份自己满意的工作。我当即告诉他，有一个不是捷径的捷径：把工作当成你所热爱的事业。

爱默生说："一个人，当他全身心地投入到自己的工作之中，并取得成绩时，他将是快乐轻松的。但是，如果情况是相反的，他的生活则平淡无奇，且有可能不得安宁。"

一位记者来到工地采访了三位工人。当记者看到他们在那里挥汗如雨，不停劳作时，便问他们在做什么。

第一个人漫不经心地说："你没看见吗？我们正在砌一堵墙啊。"

第二个人回答："我们正在建一座高楼大厦。"

记者感到很疑惑，都是做着一样的工作，为何两个人的回答这么不同呢？于是他又问第三个人。

第三个人擦了擦汗水，凝视远方，非常坚定地说："我们正在做一项伟大的事业——建设我们的美丽家园。"

记者将三个人的采访结果记录下来，转身就走了。几年过去，第一个人虽然在这个行业做得久，技术也好，但却只是一个技术员；第二个人则成了一名工程师；而第三个人就是他们的老板。

第一个人和第二个人没有将工作当成一种爱好，只是单纯地敷衍它，仅仅当例行差事来看待，所以最终也不会有什么大的建树。第三个人将工作当成了一项事业，用满腔热情去对待它，最终能够成就一番伟业。

微软创始人比尔盖茨先生说："如果只把工作当作一件差事，或者只将目光停留在工作本身，那么即使你从事的是最喜欢的工作，依然无法持久地保持对工作的激情。但如果把工作当作一项事业来看待，情况就会完全不同。"生活中，我们常常听到有人抱怨自己的工作不如意，职场不公平，上级不识才，下级不尽心，同事不配合，事业没前途，于是终日愤愤不平。可"一屋不扫，何以扫天下"，一个人连最简单的事情都做不好，又如何能做出惊天动地的大事呢？

李晓晨曾供职于一家网络公司，他的老板是一个独断专行的人，只希望下属"听话"，一切按照他的吩咐做。认为每一个员工都不如他，从来不听他人的判断和意见。于是，所有的员工都对这位刚愎自用的老板敬而远之，并经常聚在一起，抱怨着对他的不满。他们群情激愤，经常拿老板的缺点为自己开脱责任。

“你完全无法想象，他的专制简直让人窒息。那天他来我们部门，我拿出准备了很久的方案给他看，本来想得到他的肯定，可是他一来就发表不同的意见，导致我几个月的努力全白费了，我那时真不知道该如何做下去，真希望他马上消失，或者干脆我走人！”一位员工气愤地抱怨着。

然而，团队中有一位管理者却与众不同，他在工作中非常积极主动，从不感情用事。看到老板的缺点从不横加指责，而是尽力补救。面对领导的诘难，他一方面能保护好部下，避免问题的恶劣演变，一方面能发挥领导的优势，做出正确引导。他做到这一切的原因就是——他会提前想到老板的要求，对老板安排的工作心领神会，并根据具体情况做出自己的分析，提出自己的建议。

每次开会前，所有的管理人员都被命令“去做这个，去做那个”只有一个人例外，这个人得到的对待是——“你的意见如何？”老板是这样夸赞这个人的：“他不仅每次都汇报我需要知道的情况，还提供额外的信息，而且他的数据分析能力又很强，真的很了不起！你知道这省了我多少麻烦吗？”

这件事在公司内部引起了不小轰动，那些消极怠工者自惭形秽，他们疑惑不解的是，能让一个专横无理的“暴君式”老板心服口服，这个人是怎么做到的呢？

后来，李晓晨向他讨教，他反问李晓晨：“你热爱自己的工作吗？”

李晓晨似乎从没考虑过这个问题，吞吞吐吐地说：“算是热爱吧。”

“你想不想在自己所热爱的领域有所突破？”

“想！”李晓晨回答。

“那么，既然你热爱它，又想在自己所热爱的领域有所突破，去做好了！”说完，那人就离开了。

没想到，道理竟是这么简单。李晓晨终于领悟，只要自己足够热爱一件事情，并有极强的愿望渴望成功，那么，相信自己，坚持去做，就一定有办法。其实，人们所有的抱怨都不过是自找苦吃，就像一群人沿着同一条路向目的地进发，许多人在中途退场，或者迷失，只是因为他们被道路两边的荆棘干扰罢了，而那些能够一直走向终点的人，是因为拥有足够的信念，才不会被小小的荆棘扰乱心扉！

现实生活中，人们总是抱怨条件不充分，事情不好办，环境不允许等客观不利条件，其实，阻碍事情成功的障碍不是那些看似困难的客观条件，而是我们本身。如果你足够热爱你的工作，有一种不到黄河心不死的决心，实力足够，力量足够，一些小阻碍是不足为惧的。

热爱可以让一个人的能量完全被释放，抱怨只会让生命的气球疲软萎缩。台湾作家王文华说：“成功的秘诀，就像追求人生其他宝贵的东西，如工作、爱情、婚姻、幸福。你必须想要！非常，非常想要！想要到发疯！想要到为了得到它，付出别人意想不到的努力。有时，我们得不到想要的东西，并不是因为命不好，只是因为我们没有想要到发疯！”

“想要到发疯”就是一种激情，一种对工作、对事物的热爱。有成就者都是充满了激情的斗士，不是萎靡不振、整天抱怨的懦夫。阿基米德发现浮力的时候，兴奋地从澡盆里跳起来，赤裸着身子跑出去大喊“尤里卡，尤里卡”，这是一种激情；郭沫若写诗时，喝得酩酊大醉，赤足在地上打滚，与大地亲吻，这是一种激情；陈毅读书读到兴奋时，误将馒头蘸墨水，这也是一种激情！

抱怨，会让一个人丧失能量，而激情却能激发出一个人巨大的能量，能让枯燥的工作变得有趣。当一个人有了激情，就更容易爱上工作，也更容易赢得上司的赏识。

当你对工作缺乏激情时，千万不要放任自己堕落，而要通过一切途径来激发自己的激情。当你发现身边有着激情四射的同事时，请尽量向他们靠近，他们的激情会带动你，成绩会激励你。

为工作增添动力

在职场中，要想最终成为一个勇于负责、自愿尽职尽责完成自己工作的职场人，还有另外一个因素——从不“破罐破摔”。我们千万不要糊弄自己的工作，因为糊弄工作就是糊弄自己。

人的一生，一定要为自己树立正确的目标。**工作是每天都要去做的事情，工作态度是决定一个人能否经受起职场考验的重要因素**。只有你对工作抱以负责任的态度，才能真正对自己的人生负责。糊弄工作就是糊弄自己的人生，浪费自己的宝贵年华。

任何一个企业、老板都不希望由于自己员工的失职而承担损失，因此职场中容不得半点不负责。有时，一件不起眼的小事，就可能给企业带来巨大的损失，而作为责任人的我们也难逃相应的惩罚。作为一名职场人，涉及我们自己应该做的事情时一定要保质保量完成，糊弄差事就是玩忽职守。当我们在糊弄工作的时候，其实也是在丢掉自己的诚信，丢掉作为一个职场人的人格道德。

徐明豪是新来的统计员，负责所有事业部销售数据的汇总和统计。

事业部每日的报表很详细，包括销售人员、商品分类、客户类别、出单时间、成交价格、成交数量、折扣等。但徐明豪发现，领导重点关注的是每日总销量和折扣，所以他只汇报总数，其余的时间看上去很忙，但其实都在上网。

徐明豪对自己的小聪明还有些得意：“哪有经理说的那么复杂啊，还得每一张表都检查错误数据，再汇总成数据库。随便糊弄一下，报个总数不就行了吗，哪有那么忙啊！”到了月底，经理交代徐明豪：“要准备整月的报表，明天分类表、分析表都要做出来，经营会上要用。”徐明豪一下就慌了：原始数据有的是电子版，有的是打印版，还得录入；有的与财务账不一样，还得调整；再有数据分析，压根儿没有建立每日的详细数据库，怎么提取分类数据啊？

结果可想而知，徐明豪没能完成任务，当月就被辞退了。

工作就像一面镜子，你怎样对待它，它就怎样对待你。每个职场人每一天的工作其实也是在成就自己的职业生涯，也许一次的敷衍可能让你一辈子的努力付之东流。唯独怀有一颗敬业之心，在工作中从不敷衍，才能最终得以享受成就的果实。

那么何不从今天起放弃敷衍工作的态度，将责任贯彻到工作中、心中，也去做“稀有品种”呢？这样既能够让自己成为领导眼中难得的好员工，又能在工作中发挥出更大的价值。

当我们在抱怨工作没有给我们对等的回报时，其实并非自己真的受了委屈，而是自己对工作缺乏敬业和负责的态度，缺少健全的“职业道德”。千万不要再找借口敷衍自己的工作，如果我们总是“应付”工作，那么工作也一定会同样对待我们。

一次，杜安要在短时间内完成一个工作项目，由于指令太过模糊，标准不清晰，他之前所做的大部分工作需要重新返工。工作量加大，时间仓促，所以他决定申请借调一个人过来帮忙。这时，他想起了李丹筠姑娘。

杜安曾经听李丹筠的领导说，她是个学习能力和执行力都非常强的人，特别勤快能干，是个难得的好姑娘。虽然没有机会共事，但杜安相信李丹筠那个追求完美又挑剔的领导能够给出这样的评价，李丹筠本人一定非常优秀。

李丹筠来找杜安报到，放下包就问他，她需要做什么。杜安把相关的资料递给她，让她先了解一下基本要求，就去忙自己手头的活儿了。过了一会儿，她走过来跟杜安说看完了，杜安很诧异地看着她，心想：我这迷迷糊糊弄了一天了，刚弄明白，你这么快就看明白要求了？李丹筠把要求说了一遍，甚至把先干什么后干什么都排列了出来。领了任务她就坐下来默默地工作，一句废话都没有。

这个姑娘从进门到坐下来进入工作，只用了几分钟而已，杜安似乎还没来得及和她寒暄，她就进入了工作状态。

杜安是个粗心又不太会照顾别人的人。那天工作到六点多才想起来吃饭的问题，想到这么晚了，小姑娘还没吃饭，晚上还要拉着人家加班，就觉得特别不好意思。李丹筠好像看出了杜安的心思，说：“你不用管了，我叫外卖吧。”杜安就这样被她反客为主地照顾了。

连续加班干了三天，姑娘没有一点抱怨，工作完成得漂亮，临走还手脚麻利地把办公室收拾了一遍，杜安心服口服，也知道了领导如此赞赏她的原因。

李丹筠之所以能够得到要求严格的领导的赞赏，不仅仅是因为她的工作能力，更多的是因为她一丝不苟、不糊弄工作的态度。对于她来说，杜安临时将她借调过来做一件本不属于自己的工作，简直是“飞来横祸”。然而她依旧保持高度的责任心，对任何工作都抱以负责的心态，这让她最终成了领导口中的精英员工。

工作最能照射出一个人对待一件事的认真程度。如果你糊弄它，它会同样糊弄你。这就是我们常说的，你种下了什么样的种子，就会结出怎样的果。

态度制胜

态度决定结果。一个工作态度积极的员工，对他而言，无论做什么工作都是神圣的，一定会尽心尽力地用心去做，哪怕他的工作能力有限，也会释放出自己最大的潜能，全力以赴地实现自己的最大值。一个员工，如果面对工作的时候总是保持着悲观消极的态度，那么，他的工作就会成为负担，越来越压抑他，即使他有很强的能力，也很难在工作中获得成绩。

态度是无形的，不能看到，更不能摸到，只能用心去体会、感受，但是它绝对不是虚无的。和那些可以看到的能力相比，它更加重要，也更加强大。在工作中存在着很多这样的员工，他们凭借自己的较强的能力，工作态度非常散漫，心态浮躁。这样的员工很难走到最后，只能留下遗憾。

对初入职场的人来说，高手如云，那些既能保持良好的工作心态，又拥有一定能力的人，才是很难得的人才，这样的员工，不仅能在困难中保持稳定的心态，还会在成功的时候不骄不躁。任何时候都能拥有一颗平和的心，在工作中不断提高自己。

一名经理经常对自己的员工说："能力不分大小，态度决定一切，工作能力再强，如果做事的态度不端正，就很难做好自己的工作。"

他经常要求自己的下属：工作时必须先端正态度再去做事。也是这种做法让他领导的团队，总能在第一时间完成最难的任务，也能在最艰难的环境中做出成绩。

员工的心态决定姿态，工作态度决定职业生涯的成功与失败。对所有员工来说，只要在工作中态度认真、不断学习、不断提高，能力都可以通过工作的实际锻炼得到提升。

赵涛是重点院校的学生，研究生毕业后，应聘到一家著名的公司工作。公司的领导让他到生产部门工作，他虽然不满意，却依旧在家人的劝说下上班了。

刚入职时，他还可以忍受生产线上的工作，而且做得比较用心。后来，很多员工知道了他是研究生毕业，并一直说他屈才，久而久之他的心里很不平衡，觉得自己拥有研究生学历却要每天在车间里打杂，这是对人才的浪费，也是对自己的侮辱，这些简单的工作自己还不如随便做做。这样想着，他的心态稍有平衡，于是开始整天拿着手机上网、聊天，当遇到员工来找他谈工作的时候，他显得很不耐烦，甚至态度恶劣，常与人发生争吵。

一年后，同一时间来到车间锻炼的另一个普通大学毕业的员工，被调到一个研究项目组工作，赵涛得知这一消息后很不服气，便去找领导理论。

领导看到他心浮气躁，语重心长地说：“你是研究生毕业，而且在学校里面成绩优秀，各方面的条件都不错。当初公司招你过来，想要重点培养，所以把你放到基层去锻炼，让你熟悉基层工作，以便日后好做研究工作。公司里面很多有成就的专家都是这样走过来的。可是没想到，你不仅没有珍惜这次锻炼的机会，而且工作表现极差，甚至违反公司的规章制度，经常和员工发生争吵，这样的工作态度怎么能够提升自己，又如何担得起更重的责任呢？”

赵涛听到领导的话后，并没有醒悟，还争辩：“你没有事先说清楚，我怎么知道这是锻炼？而且公司这样的做法是在付出高额的代价和成本来考验一个人才，这种做法会白白浪费我的时间和精力，我来公司就是为了做研究，如果公司从刚开始就让我进入研究岗位，我肯定会为公司做出很大的贡献。”

领导听到他的辩解，更加失望，无奈地对他说：“你怎么会这样想呢？一个人即使有能力，但是工作态度不端正，工作也迟早会出问题，如果你是这种想法，我们也不想挽留你。公司已经给过你机会，你却不知悔改，看来你并不适合我们这里的工作，还是另谋高就吧。”

赵涛这时候才知道了事情的严重性，心里非常后悔，急忙向领导表示自己没有要离开公司的意思，希望领导再给自己一次机会。但是领导非常坚定地拒绝了，赵涛只能离开公司。

赵涛是个有能力有学历的人，如果他能够懂得摆正工作态度、认真工作就一定前途无量。但是，他自视才高，虽有能力，却对工作充满了抵触情绪和怀疑态度，没有将工作岗位的制度和纪律放在眼里，在工作中放任自己，和员工发生争吵，和领导交流中也不思悔改，这种做事态度是极不负责任的，做人也是极端偏执的。最终，他只能失去工作机会，在职场中失败。

好的工作态度是高质量完成工作的前提，一定的工作能力是解决棘手问题的保证，工作态度体现的是一个员工的道德和修养，表现出来的也是员工的素质。一个人无论有多强的能力，多高的学问，如果不能端正工作态度，就很难提升自己的能力。所以，工作态度是提高工作能力的前提和保证。

一个人对待周围人和事的态度，就会表现出他这个人的本质。他值不值得信任、尊重，能不能够被认可、接受，就取决于他的态度。**有能力固然可以获取别人的信任，但如果自命不凡，会失去别人对你的尊重**。

工作总是属于那些具有良好的工作态度，又拥有一定工作能力的员工。所以，如果你有消极的态度，要立刻转变自己的思想和认识，及时培养自己的敬业精神，尊重自己的工作，恪尽职守，以良好的工作态度对待工作，并努力去提高自己的水平，成为一个综合素质较高的优秀员工。

唤醒内心的正能量

松下幸之助曾说过："一个企业的员工在精而不在多。'精'主要体现在企业面临难关时，要沉着冷静，为公司创造价值或是减少损失。这种人，就是公司的灵魂人物。"可是，在竞争激烈的职场中，不是谁都能随随便便成为灵魂人物的，这需要员工不断地提升自己，抓住一切机会为自己充电，让自己始终保持一种自身素质过硬的极佳状态。只有做到不断提升自己，才能获得更多的正能量，成为公司的灵魂人物。

李磊在一家服装厂工作。以他的学识，他本来可以有更好的工作。但不幸的是，他有先天缺陷，不能长时间站立和行走，于是，他只能在这个普通的厂子里当一名缝纫工人。但乐观的李磊并没有因此苦恼，而是把全部精力和热情都投入到了自己的工作中。因为他知道，由于自己有缺陷，如果不努力提升自己，成为公司不可或缺的人，总有一天会被淘汰出局。因此，他一直不断充实自己。

李磊几乎把自己所有的业余时间都用于读书，并且还会在休息时间给同事们讲笑话，把他对生活的乐观传达给每一个人。因为痴迷于服装设计，每天工作结束时，他都会找些服装设计类的书和杂志来看，尽可能地增长自己的专业知识。同时，他还报名参加了服装设计大赛，并获得了二等奖，他也因此被厂里破例提拔为服装设计师。

此外，李磊还经常鼓励厂里的一些年轻人努力工作，并尽自己所能帮助他们在业余时间学习专业知识。就这样，在李磊的影响下，服装厂培养出了很多高级技师和服装设计师。而服装厂的名气也越来越大。李磊也成了这个服装厂的灵魂人物，很多方案都需要他决定后才可以实施。

在工作中，如果我们不懂得提升自己，凝聚更多的正能量，不懂得每天学习、充电，很快就会落伍，就会被这个时代和所在的企业抛弃。因此，无论在何时何地，每一个工作人员都应该像李磊一样，随时充实自己，修炼自己的能力，力争做公司的灵魂人物。

职场中总是有三类员工：不可或缺的灵魂型、各方面合格型、末位淘汰型，任何员工必居其一。但是，如果杰出型不思进取，早晚会被淘汰：淘汰型发愤图强，必然能呈现其价值。所以，在职场中，你是“天天向上”还是“自甘堕落”，完全取决于你是否努力提升自己。

小王和老李都是一家企业的员工。小王是个职场新人，不仅业务能力差，还总是喜欢偷懒、抱怨，所以总是受到经理的冷落和责罚；老李是个业务能力很强又为人平和的老员工，常常得到公司的嘉奖。

一天，小王对老李说：“我打算跳槽了，我非常讨厌这个公司！”老李听了后微笑着说：“你要跳槽真是太好了，我举双手赞成，这家破单位你再待下去迟早会毁了你。不过你要是打算现在就走，那就有点可惜了。”

小王疑惑地问：“为什么？”

老李说：“如果你现在走，公司的损失并不大。你应该趁着在公司的机会，拼命为自己积聚一些客户资源，成为公司独当一面的人物，然后带着这些客户突然离开公司，到时候公司不后悔才怪呢。”

小王觉得老李说得非常正确，便通过各种方式提升自己的业务水平，并“忍辱负重”地去开拓客户资源。一年后，小王的业务水平得到了极大的提高，并且还有了很多忠实的客户，这让他成了业务部不可或缺的人。

此时老李跟小王说：“现在是时机了，要跳槽的话就可以行动了。”

小王淡然地笑道：“昨天总经理跟我谈过了，准备让我去做西南区的业务经理，我暂时没有离开的打算了。另外，非常感谢你对我的帮助，如果没有你，我不会这么快就得到公司的重用。”

任何员工在公司是否处于重要位置不是自己说了算，而是靠公司的认可。故事中的小王刚开始并没有意识到这一点，聪明的老李通过巧妙引导，让小王最终得以重用，并让他意识到了自己的良苦用心。

任何时候，员工的抱怨、牢骚都不能解决问题，工作中要想真正得到他人的认可，必须不断提升自己的业务能力。只有那些身上具备不放松、不断进修的正能量员工，才有资格与人一比高下，才能成为公司需要的人才。

如果你也想成为公司的灵魂人物，就请你在内心问一问自己：我在公司的重要性如何？我是不是这里不可或缺的人？假如我离开公司，将有什么人代替我现在的位置？下一批公司裁员的名单中会有我的名字吗？当然，不论你得到的是什么样的答案，千万不要忘了职场正能量一定不能丢。

使命激发潜能

无论工作还是生活，都要拥有使命感。当眼前出现困难时，使有命感才能够从内心告诉自己：如果不能解决眼前的困难，那么我这一生中重要的工作使命也就无法完成。这样，自己就能够以坚定的信念、坚韧的意志激发自身潜能，最终克服困难。

当我们拥有了使命感，面临职业道路上的选择时，也就能有坚定的目标，鼓起勇气前行，而不是在各个选择间徘徊不定；当我们拥有了使命感，就再也不畏惧为了更好地完成工作而承担一定的风险，因为在完成使命的道路上不可能一帆风顺，而我们早就做好了迎接失败与挫折的准备。只要是有意义的冒险，我们都愿意进行尝试。

《卧虎藏龙》这部电影让华裔导演李安声名大噪。有人认为他的成功全靠运气，其实，李安能有今天，与他不怕失败、勇敢坚持是密不可分的。

李安 1978 年在艺专毕业后，得到了去美国伊利诺大学攻读戏剧专业的机会。1983 年李安从硕士专业顺利毕业，他花了一年的时间来创作自己的毕业作品。这个毕业作品不仅荣获了当年最佳作品奖，还引起了大牌经纪公司的关注，他们不仅和李安签约，而且还要将他推荐到好莱坞发展。

进军好莱坞是每个年轻艺人的梦想，可签约之后，事情没有想象中那么顺利。原来经纪人并不是帮他介绍工作，而是在他创作出作品后，再帮他把作品推销出去。但是作品是需要剧本的，没有剧本就没有作品。就这样，毕业后的李安，转型专心创作剧本。

好莱坞的门槛很高，要想进去谈何容易，于是，李安选择先在台湾发展。果不其然，电影《推手》的上映，受到了各界的好评，让蛰伏六年的李安获得了肯定。他说："六年的时间很长，如果没有耐心和坚持，就没有现在的李安和《推手》。"

李安在这六年中最大的体会是：身处逆境一定要冷静、不烦躁、不盲目挣扎。"我庆幸自己做到了忍耐和坚持，才有今日的成就。"

坚持到底说起来容易，做起来又谈何容易。

无论是对于李安这样的导演，还是普普通通的职场人来说，只有心怀使命感，才能够顶住来自外部客观条件的诸多压力，才能够让自己的内心强大，专注于自己的事业、工作，从而取得优异成绩。

对于一个职场人来说，唯有通过内心的使命感唤起勇气，才能够在这竞争日趋激烈的大环境中通过奋勇拼搏为自己赢得一席之地。在职业道路上，也只有以一颗不辱使命的心，满怀勇气一步一个脚印地向着未知的未来努力前行，才能最终登上成功的顶峰。

掌握热情

当热情退却、志向不在，坏情绪一下子涌过来时，人们常常会变得消沉、烦躁、得过且过。所以，不要丢弃你的热情。时刻叮嘱自己，活着就要有种力量，千万不要浑浑噩噩混日子，也不要沉醉于昔日的成就中。热情会让你充满朝气，让你更讨人欢喜，让你活得更加芬芳。

汪晨是一个很有才气的女孩，但她的性格非常内敛，不愿轻易表露自己的内心。尽管她对每个人都心存善意，但一般不会表现出特别的热情。

汪晨毕业后进入了一家广告公司，工作一段时间之后，发现自己远远没有另外一个女孩雯雯受欢迎。雯雯在业务方面远不如自己，却早她一步被提升为副主管。对于这一点，汪晨有一肚子的疑惑，后来她找到了学习心理学的小姨，希望她能够帮自己解开谜团。

小姨就问汪晨，雯雯有什么特别的地方？她想了想，说："她也没什么特别的，就是在公司的时候，无论遇到谁，她都热情地打招呼。虽然我对她升职不服气，但有件事还是挺感谢她的。我记得我刚到公司的第一天，因为我性格内向，加上没有认识的人，所以很多事情我都不知道该怎么办。而其他同事都在忙碌自己的事情，没有人过来告诉我应该怎么做。一个多小时后，雯雯过来了，问我：‘感觉怎么样，工作的还顺手吗？如果遇到什么问题，都可以来问我。你中午准备怎么解决午饭，如果没有带饭的话，可以和我一起去食堂吃。’那一刻，我觉得她是一个大好人。不过……公司怎么说都是靠业绩说话，不能仅凭她热情，就给她升职吧！”

小姨听到雯雯的诉说后，笑着说道：“晨晨啊，其实副主管这个职位，和单纯的业务员、策划专员不一样，在这个职位上的人，要能协调好公司内部人员之间的关系，创造一种和谐、温馨的氛围，这样才能让大家更好地做事，而这个雯雯，确实很适合这个职位。”

汪晨意识到了自己观念的错误，她开始有意识地改变自己内向的性格，学着打开自己的心扉，热情地对待身边的每一个人，学着照顾别人，慢慢地，人缘也越来越好了，她的心情也越来越愉悦。

不论在生活还是职场中，一个热情待人的人和一个冷漠沉闷的人，你会喜欢哪个？相信大家很容易就和热情的人打成一片，因为这种力量能给人带来好的氛围，能让大家的距离更近，相处也更欢乐。所以说，我们应该带着热情出发，让身边多一点快乐。

另外，热情不仅是人们行动的动力，也是速度和效率的制造者。我们很难看到一个热情的人行动迟缓，做事拖拉。相反，充满热情的人大都是步履如飞，行动快捷，很有效率的。**而速度和效率在个**

人成功中是很重要的东西。

一个人，如果生活中失去了热情，人生也将会渐渐失去目标。那样，就不叫生活，只能称为生存。有热情的人通常都积极向上，这种人总给人以朝气蓬勃，激情盎然的感受。如果和热情的人在一起，会发现生活会变得有意义很多，目标也清晰很多。

那么，我们该如何做一个热情的人呢？

1. 让自己拥有一颗童心

无论是什么样的年纪，都给自己装上一颗童心。用童心去看世界，就会对世界时刻保持好奇、期待。和孩子们接触，会发现他们对每件事都拥有无比热情的态度，怀揣着好奇心，他们想了解世界的一切。而这世界的所有事，对他们来说都是种探险，但他们都热情地全身心地投入在其中。这种态度，值得每一个成年人去学习。

2. 时刻保持幽默感

幽默感能让热情的人更加平易近人，他们善于用自己的幽默把欢乐带给身边的人，也因为他们的热情幽默，会让更多的人接纳他们、喜欢他们。因此，一个热情又富有幽默感的人，通常都会有很强的个人号召力、凝聚力。

3. 永远保持积极向上的心态

若是你对现在不满意，想去改变现在的状态，最先改变的就应该是你自己。只有改变自己，让自己拥有积极的心态，乐观地接纳一切，你的不满才会迎刃而解。

假如你是个充满热情的人，那么，即使你身处茫茫无边的沙漠，也会与漫天黄沙交朋友；而倘若你缺乏热情，那么沙漠中的绿洲也不足以让你欣喜。生活的幸福、苦恼，在于你的本心及态度。

练习：让工作、生活充满激情

在这一章中，我们讲述了天赋与激情的关系，那么如何才能对任何工作、生活都富有激情？请做以下练习。

☑明确工作、生活中所需要完成任务的目的。

☑将工作、生活中的任务分阶段、重要程度处理。

☑认清自己对做成这件事的渴望，以及做这件事的意义。

☑分析自己对这件事做成功的把握，以及把握程度。

☑了解自己对这件事情失败风险的承受能力，为这个承受能力划分一个范围。

第六章

挖掘天赋，实现梦想

思考：收集碎片，实现梦想

生活中，我们总是习惯于形成梦想，却在落实过程中遇到各种突发问题，最后更换另一个梦想，导致之前的努力全都白费。那么，如何形成可以落实的梦想呢，请考虑以下几点。

→ 你有阅读自己喜欢的领域中，相关作品的习惯吗？

→ 你有意向参加相关领域的现场活动，以及访谈吗？

→ 如果你已经大致掌握相关领域的知识，是否已经将它们利用于生活？

→ 为什么自己对爱好的事无法坚持，不到一个月就放弃？

➡ 落实行动时，你会思前想后，缺乏果断的行事方式，失去先机吗？

➡ 你最近一次写计划是什么时候，落实效果怎么样？

实现构想

任何人都不能忘却自己的梦想。没有梦想的人生是灰暗的，痛苦的，那些敢于“做梦”并身体力行的人才会成为成功的人。

有形的世界一定会受到无形世界的制约，因此，一个人内心的梦想在其人生中会起到很大的作用。人类不能忘却自己的梦想，不能在没有理想的状态下生活，社会在人类理想的指引下不断前进，理想在全体人类的努力下，变成现实。

音乐家、雕塑家、画家、诗人和哲学家……这类追逐梦想的人都是未来世界的创造者，是天堂的建筑师。这个世界之所以绚丽多姿，他们的付出功不可没，离开了他们，人类世界将变得暗淡无光。那些敢于去想，并努力去做的人，成就了一番光辉熠熠的事业。哥伦布先是在内心有了想发现另外一个世界的愿望，才在这种思想的鼓舞下发现另一个世界；哥白尼有了太阳中心说的理论，他才能向整个社会阐述自己的学说。

人都有权利在内心组建一个美好的构想，并且通过努力加以实现，不管这些构想是否纯洁或美好。你需要把心思都用在这些内容上，这样，你双手收获的就是思想的果实，努力的结果。无论你目前所处的境况如何，你都会在你思想的指导下前进，并将逐渐变伟大。

任何伟大的成就的得来，都源于内心的一个梦或者一种理想。橡树在破土而出前只能沉睡在树籽中，小鸟破壳前唯有在蛋中耐心等待。那些刚开始只存在于心中的至高理想，一旦破壳而出振翅高飞，就会在天空中获得天使的拥抱。你的现实环境或许不会比别人优越，甚至可能更加的困难，但是只要你心中有自己的理想，并且坚持努力、不言放弃，那么，你的现实环境终将改变。要记住，一个内心没有理想的人，生活就如原地踏步，终不能前进。

有一位贫穷的年轻人，为了生计很长时间在一个条件很差的车间做工。他没有读过多少书，也没有出众的手艺和技巧。但是，他一直梦想自己有一个不平凡的未来。他在内心深处为自己勾画出理想的生活情况，他渴望学习知识，渴望变得高雅，渴望拥有美丽的人生。这些美好在他内心深处生根发芽，使他萌动，赋予了他行动的动力。于是，他利用所有的空余时间补充完善自己。

很快，他的脑海里面再也没有过那些不思进取的想法，外界的环境也无法阻止他火一般的热情。那个小小的车间再也不能成为阻止他梦想的“绊脚石”。他的收获越来越多，潜能也逐渐被激发，机会也随之而来。

一晃几年的时间过去，这位年轻人已经焕然一新地站在大家面前，他成了一位成熟稳重的企业家。每一个人都能够从他的谈吐举止中感受到他的精神思想的力量，他也能够熟练地利用这股力量为自己的理想服务。在人们的眼中，他是一位有远大抱负的青年，并且他可以肩负起别人的重托。每当他自豪地谈起自己人生的改变时，人们总是很乐意倾听他的建议，认可他的思想，并且接受他的指导。在人群的簇拥下，他如一颗冉冉升起的新星，有着无限美好的未来。

最初的时候，这个年轻人的生活窘迫潦倒，他的生活也只有一种活法——坚韧地生活。但正是因为怀揣理想，并且锲而不舍地追求，所以，他坚韧的活法终于变得洒脱。

开始规划人生的时候，千万不要忘了你的理想，不要忘了拨动你的心弦，要仔细呵护幼小的思维火苗，小心培育你至纯至善的思想，它们能为你的成功创造必要条件。你要不断对它们施以真心，它才会让你的生命变得更加美好。**有了愿望，人才会不断奋进；有了追求，人生才会有所成就**。那高尚的梦想，只要你愿意为之努力，正如你所梦想的，你会得到你想要的。

幻想≠梦想

很多时候，有些人觉得自己有一个很神圣的梦想，但当他兴致勃勃地将自己的梦想分享给别人时，大家却摇摇头告诉他："不要总是沉浸在幻想中，醒醒吧！"那么究竟什么是梦想？什么又是幻想呢？它们之间应该怎么区分呢？

梦想是人类最无邪最天真的愿望，也是人类渴求美好事物和憧憬的本能。它是一种追求，也是推动自己向前的动力。虽然梦想与现实之间存在差距，但只要肯努力，梦想是有机会实现的。而幻想则是指违背客观规律的、荒谬的想法或希望，是不可能实现的。人在产生幻想之后，通常会脱离实际，想入非非，每天做着不切实际的白日梦，通过沉浸在这种虚构的美好想象中满足自己，或者想要通过置身于幻想世界里逃避现实。

显然，梦想与幻想是有着本质上的区别的。梦想通常与理想挂钩，它是一种既理性又浪漫的追求，它有实现的价值和可能；而幻想则不同，它虽然美好，但完全没有实现的可能。如果人通过逃避现实的方式，把幻想当成梦想对待，长此以往，只会让自己更加颓靡，美好的幻想一旦被残酷的现实打破，人就会陷入无限的痛苦中，无法自拔。

“我希望明天买一张去上海的火车票，然后按照计划，像安安一样生活。”刚读高一的小艺在日记本里写下这样一段话。安安是谁呢？那只不过是一本编撰的小说里的人物。

为了这个“幻想的天堂”，小艺离家从山东到了上海，一心想要变成小说中的“安安”。到了上海之后，小艺发现自己完全处于陌生的环境，当现实的残酷向她袭来时，她害怕极了，便蹲在大街上痛哭起来。原来，这一切远没有想象中的那么美好，幻想在现实的冲击下显得那么可悲可笑。

小艺从初中起就很喜欢看青春小说，有时候还常常把自己想象成是小说中的女主角，跟着她哭，跟着她笑。

这一次，她之所以要去上海，正是因为她最近正在看的小说里的主角安安是一个美丽的上海富家女。可是，现实生活中的小艺只不过是一个平凡得不能再平凡的人，于是她常常幻想自己能变成安安，时间久了，她便常常有了自己就是安安的幻觉。她常常用安安这个名字在学校的校刊上发表文章；衣着打扮、鞋子的尺码，也全都换成了安安的习惯。即便如此，小艺觉得自己还没有完全成为安安，于是她便有了离家出走的想法。

很多时候，我们也像小艺一样沉浸在奇妙的幻想中。幻想自己是落难人间的天使，是受巫婆诅咒的王子，相信总有一天魔咒会解除，自己会从平凡中脱颖而出；有时候还幻想一张彩票可以改变我们的一生，虔心期待着财富会自己跑到我们的手上。但这些幻想只会让我们越来越脱离现实，让灵魂飘浮在虚无中。即便曾经有过理想，付出过努力，也终究会被这些不切实际的幻想吞并，从而跌进虚幻的旋涡中，不能自拔。

你是想做一名足球运动员，想成为画家，还是作家，或是企业家？无论是哪一种梦想，都要在背后不断地学习和努力。

幻想并不是万恶的思想，人并不是不能有幻想，但前提是自己要清醒地认识到，幻想不能成为人生的全部寄托，顶多只能作为闲余的消遣。而不让幻想侵袭整个灵魂的办法就是——为自己找一个奋斗的梦想。这个梦想不是用来“说”的，而是用来“做”的。不要让你的梦想成为一闪而过的念头，而是要让它成为你人生的信条、前进的目标。

追逐你的梦想

世上很难有两全齐美的事情，命运不会特别眷顾一个人，让他事事如意。

现实总会有不尽如人意的地方，但却是平等的，面对你渴望但是又没有得到的东西，你就会心生斗志，你就会因种种不满，为自己的梦想奋斗，使之成为现实。

梦想的力量是强大的，它可以让一个人忘记自我，忘记自己拥有的一切东西，摒弃自己生活中与梦想冲突的所有事情。

通常这种热切的追逐只有两个结果：一是通过自己坚持不懈的努力，终于实现了自己的梦想，对自己来说，这就是人世间最美妙的事情。二是到最后终于被现实压抑得喘不过气，四处碰壁直到头破血流，最后梦想也未能实现，人生还是进入低谷。

时常听到周遭的朋友问："我们到底是在为自己的梦想而打拼，还是为了现实生活在被动地继续？"

其实，当梦想照进你的现实，那么心里那些过往的阴霾就会随风飘散。

心里有一个和现实融合在一起的梦想，那么这个梦想就有了它的生命。

李明读书的时候一直都是很勤奋的学生，也深得老师的喜欢，他为自己设定的目标是今后当一名医生，而且他也正在为此不断努力。老师们都认为他天道酬勤，像他这样的人将来一定很有出息。

有一天，李明在看电视的时候看到功夫巨星李小龙的电影，顿时就被里面那种男人气概吸引，他觉得这才是真实的中国功夫，一个男人的魅力被发挥得淋漓尽致。一代巨星给李明留下了不可磨灭的印象，躺在床上的李明久久不能平静，武打电影里的一招一式都让他无比着迷。

他像是着了魔一样开始收集所有关于李小龙的资料，每天忙碌着去小店买所有关于李小龙的海报，贴满自己的整个房间，他彻底地成了追星族中的一员。以前去图书馆研究医学的时间也用在了查阅李小龙的资料上。老师发现了问题的严重性，心急火燎地找到李明，眼看着这个有大好前途的孩子就要迷失方向了，说道："每个人都有自己的梦想，但是这个梦想一定要切实地从自身情况出发，你有着医学方面的天赋，而且你以前也为此付出了很多努力，现在眼看快要成功了，你不应该放弃。"李明踌躇地说道："我从未放弃过自己的梦想，只是将很少的一部分时间用来追星。"老师摇摇头，"不要忘记那个猴子摘玉米的故事，得不偿失。"

李明回到宿舍思来想去，看着墙上的李小龙海报，忽然意识到自己和他的距离是那么远。当时仅因为一腔热血，就浪费了宝贵的时间。想着那时自己为了实现当医生的梦想，夜以继日地看书做题，难道要为了现在这个遥远的武打梦而放弃吗?

人的梦想如果和现实背离，那么只会失败，不能因为一时的热情而迷失了方向，放弃了自己曾苦苦努力过的一切。想完，李明将墙上的海报撕下，压入了箱底。

世人都说不能轻易放弃自己的梦想，没有梦想就如同生活的傀儡，就没有了生存的意义。但是在追求梦想的过程中，我们需要**用理性的思维思考自己这个梦想有没有实现的可能**，在现实生活中能不能站稳脚。

常常有人说，梦想是人生的风向标，若是丢失，人生就会失去方向，就会迷路。但是实现梦想的过程中不能失去理智，只有这样，你的追求才能符合实际，这样的梦想才有可能通过你自身的努力得以实现。

想到就去做

韩愈说："业精于勤，荒于嬉；行成于思，毁于随。"别人的成功与潇洒不是信手拈来的，也是经过一番打拼得来的，他们的成功经验也许各不相同，但有一条永远是绝对的，那就是：想到就去做。

《翻滚吧！阿信》是一部讲述追求梦想的励志热血电影。主人公阿信从小拥有运动天分，但他患有轻微的小儿麻痹症，一条腿短于另一条腿。一个偶然的机会，他看到同龄的孩子们在学校体操队的排练室里拉练，心里顿时升起一股羡慕之情。后来，学校教练发现了阿信跳马的才能，将他带入体操队。但两年来，他算不上一个合格的运动员，一直在坐冷板凳，没有上场的机会，即使这样，他依旧不停地练习。终于有一天，上天为他打开了一扇门，参赛队友意外受伤，需要他代替。比赛中，他努力表现，在众人的惊叹声中，拿下了跳马冠军。

这只是电影前半部分的一个桥段，但这个故事已经开始向人们传达一种精神，与其羡慕别人，不如自己动手，勤学苦练，只要你肯付出，终有一天你就能成功。

生活中，有些人确实值得羡慕，他们有头脑、有能力、善于经营，要么在商海里呼风唤雨，要么在职场中叱咤风云，他们是时代的弄潮儿，是社会的精英。羡慕别人是因为我们期待完美，期望可以像他们一样能干，像他们一样活得精彩。可是，我们却忽视了一点，**每个人的处境不同，别人的成功你永远无法复制**。

我们庆幸自己能够改变的是：尽管自己没有那么优渥的资源和条件，但我们仍可以通过观察别人的长处来修正自己的短处。与其仰望别人的幸福，不如提升自己经营幸福的能力；与其羡慕别人的好运气，不如借鉴别人努力的过程。

很久以前，有两个朋友相约去遥远的地方旅行，两人一路跋山涉水，风餐露宿地赶往目的地。在即将到达目的地的时候，他们突然遭遇了一条水急浪高的大河，而河的彼岸就是他们千辛万苦想要到达的地方。那么，如何渡过这条河到彼岸去呢？两个人产生了不同的意见，一个人建议伐木造舟渡过河去，另一个则否定了他的想法，认为那样是不可能渡过的，与其自寻烦恼和死路，不如等这条河流干了，再轻轻松松地走过去。

最终，两个人没有达成共识，于是，他们分道扬镳，各干各的。打算造船过河的人每天砍伐树木，辛苦劳动，建造船只。而另一个要等河干后再渡河的人则每天无所事事，一会儿休息睡觉，一会儿溜达到河边观察河水流干了没有。直到有一天，已经造好船的朋友准备扬帆出海的时候，另一个朋友还在讥笑他的愚蠢。

不过，这位造船者并不生气，临走前只留了一句话："在我看来，没有行动就没有结果。去做一件事不见得能成功，但不去做一定没有机会获得成功！"

最后，河水一直没有干涸，那位造船者已经轻松渡过了河，只剩下他的朋友在河对岸暗自神伤，空怀羡慕。正当这位朋友深感孤独无助的时候，他在旁边的草地上看到一根刻字的树枝，他捡起来擦掉上面的尘土，看清了一行细小的文字："不要去羡慕别人的成功，想要过河，就自己动手建一只船，勇敢地划过来，我在对岸等你！"

原来，他并没有被朋友遗弃，在朋友的激励下，他不再空有幻想，而是动手建造了一只船，终于和朋友再次相见于风景秀丽的彼岸。

开始时，坐等河干再渡河的人看到造船者渡过河之后的滋味是怎样的呢，是羡慕，还是满腹抱怨？看到同伴过河后，他没有一味地抱怨，也没有一味地羡慕，而是采取行动，最终到达了风景秀丽的彼岸。

其实，生活中我们也应当如此，与其羡慕别人坐拥豪宅豪车，不如抓紧时间努力，用行动代替抱怨，向梦想的彼岸靠近。

刚过而立之年的萨依特已经是埃及的一位政府高官，年纪轻轻就做了副市长，可谓前程不可限量。可惜，就在他事业蒸蒸日上的时候，他主管的城市发生了一场火灾，他也被免了职。这一年，他三十七岁。

免职后，萨依特的周围依然是一些达官显贵、富商名人……大家都为萨依特惋惜，认为这次变故对他打击太大，一定会让他非常痛苦，有些好心人还主动向他提供帮助。

本以为他会在市内重新找份工作，可没想到，萨依特选择回到乡村，过起了平凡百姓的生活。他在自家的小菜园里种菜、施肥、锄草、捉虫，日子过得平淡而饶有滋味。他还有一个最大的爱好，就是收集一些民间陶器和古董。生活中，他从不羡慕别人的日子，不理会别人的富贵，只是自得自乐地过着自己的闲适生活。不久后，他凭借自身的知识和才能，在收藏上取得了一些造诣。几年间，他慧眼识珠，共收集到几十件世界顶级民间珍宝。据估算，萨依特收集的每件珍宝，价值都在上千万美元。

有人采访他，问他为什么会在收藏上有这么大的成就。他平静地说："因为我过得很清静，从不盲从地去羡慕别人，这种生活让我能够沉下心来，一心一意地鉴别陶器。"

不羡慕别人的生活，使萨依特不但摆脱了事业失意的烦恼，还给了他足够的耐心专心做收藏，最后创造了非凡的成绩，成为世界级收藏大师。这就是懂得行动的结果。

有句老话叫："自己动手，丰衣足食。"通过萨依特的故事我们得知，靠天靠地不如靠自己，依靠别人总是有风险的，因为操纵结果的手不在自己身上，结果如何终究由不得自己。假如你依赖别人，一旦你所期望的事情发生转变，你将无能为力，那时任何抱怨都是徒劳。所以，我们根本没有必要羡慕别人的生活，只要懂得生活的真谛，按照自己的想法行动起来，世上便无可抱怨之事。

选择善于倾听的同行者

生活中总不可能只是一个人去奋斗，我们总要和一些人为伴，我们的生活需要亲人、朋友，工作需要同事……我们生活的方方面面都是和另一些人联系在一起的，梦想也是如此。

如果你是一位销售人员，面对客户的时候，最重要的是听客户在讲什么，因为他在叙述的过程中会透露给你很多有用的信息，你可以借此了解他的想法，并在说话时注意对方给你的回答，因为这些反馈回来的信息也极为重要，你通过仔细聆听就知道他真正需要什么。除此之外，在聆听的过程中你可以观察对方的肢体语言、面部表情，这些都能给你提供最好的信息。

我们大多数人都希望在生活中，自己内心的想法能有一个人能倾听，自己的梦想能够得到一个人的支持，但是现代人却常常放不开自己，很难将自己的想法倾吐出来。所以，和善于倾听的人同行，是我们迈向成功的当务之急。

梦想不是一意孤行，懂得倾诉自己，才能让他人更了解你，这样在你们谈论的过程中，他人才会给你极为重要的意见，也会让你少走弯路。

古时候，一位皇帝得到了三个一模一样的小金人。

皇帝国事繁忙，每天又要对着枯燥的宫廷生活，内心十分苦闷。一天他突然想到什么，便召集了自己所有的大臣，将那三个小金人拿出来说："各位大臣，我知道你们个个都文韬武略，我今天要问问你们，谁知道这三个小金人哪一个最有价值呢？"大臣们对这三个长相、个头都一模一样的小金人研究了半天，都摇摇头说："这小金人外貌一样，重量也是一样，那么价值也是一样。"皇上皱着眉头说，"各位就没有一个人知道吗？"

这时一位老臣踱步来到小金人前，拿出来一根稻草，只见老臣将稻草放入第一个小金人的耳朵里，谁知道稻草竟然从另一边的耳朵滑落了出来，老臣摇摇头。接着，他把稻草放入了第二个小金人耳朵，结果稻草从小金人的嘴里吐了出来，老臣皱了皱眉头。最后，当老臣把稻草放入最后一个小金人的耳朵后，竟然完全没有了动静。

于是老臣说："皇上，微臣认为，最有价值的是第三个小金人。"

大臣们都疑惑不解，老臣解释道："第一个小金人，稻草从另一端耳朵出来了，说明这样的人你跟他说什么，他都只是当耳旁风，左耳进右耳出，这种人表面似乎恭恭敬敬，其实内外不一；第二个小金人稻草从嘴里出来，说明这种人不能委以重任，你跟他说什么，他都会四处散播，不能管住自己的嘴巴，为人不牢靠；而第三个小金人，这种人你跟他说什么，他会默默听完，然后放在心里，不会到处告诉别人，正是皇上现在需要的人。"

皇上听完哈哈大笑，重重赏赐了这位老臣。

其实第三个小金人的价值就在于它会倾听，每个人都有他自己的生活压力，也难免会碰壁。当你踌躇的时候，学会找一个你信赖的人来倾诉，相信倾诉是缓解压力的一味良药。倾诉的过程，也会不知不觉拉近你和朋友的距离，让他能为你考虑和设想。

人是一个生命个体，在这个复杂的世界，常会有一个人的无助和孤独。学习上的困难，工作中的阻碍，感情上的挫败，都会让你常常自顾不暇，各式各样的事情都需要你来解决面对，这无疑是很大的压力。如果你一个人硬扛下来，不去找个人释放自己的压力，时间一长，会对你的精神形成一种无形的摧残。

一味地沉默是很危险的一件事。因为很多人面对压力都会产生一种焦虑感，如果这个焦虑得不到及时的开导，那就会在你的心里积聚起来。时间过长这种感觉越积越多，就像一个膨大的气球，却还在源源不断地充气，随时都有爆炸的可能。所以要学会爱自己，知道为自己减压，懂得向别人倾诉。

有时候，在很多事情上你需要扮演成忠实的倾听者，这样才会有更多的人愿意把他的想法告诉你。而你也一样，你的梦想，也需要有人倾听、认可，而你也可以从别人的意见和建议中得到最好的反馈。

落实心中的想法

很多人在追求梦想时，意气风发，冲劲十足，他们为了梦想而拼搏、坚持、勇敢，在一次次的挫折与失败面前从不低头，于是他们如愿实现了心中的梦想。可是，当梦想实现之后，他们却无所适从了。

就像登山一样，花尽了所有的力气到达了顶点，看到了雄伟壮丽的风景，可是在喜悦与狂欢过后，却恍然间不知道接下来该做什么。是啊！已经到达了最顶峰，再也没有更高的山峰可以攀爬了，是不是这时候就可以休息了呢？是不是人生从此就停在了这个高度呢？

当然不是，人生就像逆水行舟，只要停止划桨，船就会后退，船不会因为你停止给它动力就停在原地，它会在水的“运动”下越退越远，就连之前所做的努力也全部白费。所以，为了不让人生这艘船被水驱使，我们就必须永不停歇地摆动双桨，不断追求、不断向前。

姚明是中国历史上最成功的篮球运动员。在五岁的时候，姚明就进入上海青年队，十七岁的时候就进入国青队，第二年成功进入了国家队。在2001年姚明不仅帮助中国国家队赢得了亚洲男篮锦标赛冠军，更是在第二年帮助上海队历史性地夺得了CBA总冠军。之后，他参加了NBA的选秀，成为首位以状元身份签进入NBA的中国球员。

在姚明征战NBA的八个赛季里，他取得了无数辉煌的成绩。八次入选全明星，更是成为休斯敦火箭队的支柱，帮助球队五次闯入季后赛。可以说，当时的姚明算得上是世界第一中锋，在中国乃至世界都是最受欢迎的球员。2016年，姚明成为首位入选NBA名人堂的华裔球员。可以说，姚明的篮球生涯充满了无数的传奇。

姚明这些年的篮球生涯不仅为他带来了无数的荣誉，更带来了丰富的资产。后半生的姚明，本无须再操劳任何事情。但姚明却不这样认为，也许篮球梦已经结束，但他觉得，自己有必要为中国的篮球事业继续奉献自己。

姚明先是购买了上海大鲨鱼篮球队，带领球队在CBA的赛场上取得了辉煌的成绩。又在2016年出任了CBA联盟的副董事长，使中国的篮球联赛迈向更加职业化的道路。2017年2月，姚明当选了中国篮协主席，成了中国篮球的“总指挥”。在姚明成为篮协主席后，实行了一系列创新的改革，不仅建立了更多篮球基础设施，而且让中国篮球联赛更加与国际接轨。相信中国篮球在姚明的带领下，会走向更高、更远。

人的一生就是不断追求“新高”的过程，梦想并不是人生的最高点，更不是生命的终点，它只是人生前进的灯塔，照耀着你一路向前奔跑。**梦想实现的下一步不是停滞，不是观望，更不是颓靡，而是整装待发，向着更高更远的地方前进，直至生命的最后一刻**。

社会是一个竞争激烈的社会，我们只有不满足于现状，不断地追求，才不至于被残酷的社会所淘汰，才能在拼搏中真正体现我们的人生价值。

一个安于现状、不思进取的人，他生活的绿洲会被无情的沙漠一点点地吞并，直至荒凉一片；一个懒于另创新高的人，就像一支烧尽的蜡烛，即使曾经闪耀过，最终也会在黑暗中冷却成一摊无用的蜡油；而一个敢于挑战自己、攀爬新高度的人，就如同那执着的爬山虎，墙有多高有多宽，就爬多高爬多远，直到枯萎、凋败。我们每个人都应该像爬山虎一样，在生命运动的每一刻不断攀爬新的高度。我们要有自己的人生追求，当实现了某个目标之后，应以此目标为新的起点，向着更高的目标攀登，走向另一次成功。

实现梦想后的下一步要做什么呢？毫不犹豫，继续向前。

练习：形成切合实际的梦想

如果想要提升自己，将梦想转换为现实，需要从执行力和学习力两方面完成。

☑时间计划表：

1. 拿出一张空白的纸，列出三个任务清单——执行清单、思考清单、微清单（生活清单）。

2. 落实具体安排：

①优先执行重要、紧急的事件。

②关于次要任务，以及别人安排的任务，勇敢说“NO”，或者延迟处理。

③规划次要事件的完成时间，形成计划。

☑思维导图

1. 将计划内的任务不断分类细化，并整理成电子文档。

2. 按照逻辑顺序排序。

3. 列出计划外有可能完成的任务，分类、排序，制订完成计划。

第七章

习惯的培养

思考：培养习惯

培养一个新习惯不需要很强的意志力，却需要有计划地落实、进行。本文列举九个方法，培养习惯。

1. 二十一天计划：无论任何事都坚持二十一天，二十一天后，这件事会变成习惯。

2. 用笔记录：当你想改变一个习惯，所想到的计划要及时记录下来。

3. 行动和思想保持一致：在完成计划一周后，无论喜欢与否，都要坚持。将习惯与计划保持一致。

4. 了解一天的收获：培养习惯的前提是形成动力，了解自己能从中获取什么利益，以及这些习惯所带来的好处。这样，你才会有动力促使自己培养这个习惯。

5. 提前计划任务：提前找出本月内可能会影响自己培养新习惯的事情。提前计划这些突发问题，以避免因某些事而扰乱自己的好习惯。

6. 举行仪式：开始新习惯前，举行一个仪式。比如：你想养成早起的习惯，尝试关掉闹钟，培养形成自然的生物钟。

7. 填补时间空隙：对于不固定的习惯，找到其中的时间空隙。比如：在上网时间、休息时间中都会挤出不少的空闲。这就是需要填补的时间空隙，使习惯有连续性。

8. 给予自己奖励：每当自己成功培养了一个新习惯，就给自己一些奖赏。这样可以增援你的动力，让你继续坚持这个习惯。

9. 巧用“但是”：每当你坚持新习惯一段时间后，就会或多或少地产生消极的想法，所以在每一个消极的想法后面加入“但是”，并且加入一些积极的想法。

控制习惯

人，是一种习惯性的动物，不管我们愿不愿意，习惯总是无孔不入地渗透于我们生活的方方面面。调查表明，一个人每天的行动和作息，95% 都受到了习惯的影响，只有 5% 是非习惯性的。

那么，习惯与性格有什么关系呢？心理学是这样定义性格的：性格是在生活过程中形成的对现实的稳定态度以及与之相适应的习惯化的行为方式。从这个解释来看，人的性格与人的行为习惯是紧密相关的，所以才有“习惯决定性格”的说法。

每个人刚生下来时，个性和天赋是差不多的，差别就在于后天环境对自身的影响。不同的生活环境使人形成不同的习惯，也造就了不同个性的人。所以，孔子说：“性相近也，习相远也。”

英国著名作家查·艾霍尔曾说过这样一句话：“有什么样的思想，就有什么样的行为；有什么样的行为，就有什么样的习惯；有什么样的习惯，就有什么样的性格；有什么样的性格，就有什么样的命运。”可见，一个人习惯的好坏，不仅影响一个人的性格，从长远来讲，也会影响一个人的成功。

很多时候，成功与失败仅一线之隔，而横亘在中间的很可能只是一个细小的却往往被人忽视的个人习惯。

日本的一家食品检测企业需招聘一名卫生检测员。应聘者中有一位男士看着很有气质，谈吐不凡、举止大方，领导看到很是喜欢，而且这位男士的业务知识也相当扎实。就在即将结束面试时，这位男士在临出门时无意识地抠了一下鼻孔。面试官看到这一幕后，便将年轻人从面试名单中划去了。年轻人没想到正是这个看似不起眼的小动作，使他将唾手可得的工作岗位让给了别人。在这位面试官看来，一个没有良好卫生习惯的人如何能做好卫生检测员呢?

所以，不要忽略任何一个微小的不良习惯，说不定哪天它会在关键时刻成为你成功的绊脚石。纵观古今中外，许多伟大的人物之所以能够取得成功，都是因为他们有良好的习惯。这些良好的习惯或许只是饭前洗手，做错事要道歉这样的小事，却足以让他们终身受益。

在 1988 年世界诺贝尔奖得主于巴黎举办的聚会上，一位记者问一位诺贝尔奖得主："您在哪所大学、哪个实验室学到了您认为最主要的东西呢？"这位白发苍苍的学者回答道："幼儿园。"

"在幼儿园能学到什么东西呢？"记者不解地问。

"把自己的食物分享给小伙伴，学会观察大自然，学会饭前便后要洗手……"

著名的教育家叶圣陶先生也十分重视培养良好的个人习惯，他认为：“好习惯养成了，一辈子受用；坏习惯养成了，一辈子吃亏，想改也不容易。”那么，我们该如何培养好的习惯和性格呢？

其实，**习惯和性格的养成归根结底还是自控力的问题**。不管你采取什么样的办法，首先就要提高自我控制的能力，知道哪些行为是好的，哪些是不好的，哪些可以做，哪些坚决要制止。

我们在纠正坏习惯的同时，也是在建立一个好习惯，而在建立好习惯之初是比较痛苦的。比如说，你知道吸烟有害健康，想把烟戒掉，可真要做起来就会比较难，烟瘾会时不时地提醒你把手伸进口袋里，找打火机。战胜烟瘾的有效方法——自控力。控制住自己不去想吸烟的事，不让所有与烟有关的东西出现在你的视线里，或者干脆扔掉，想办法将注意力转移到别的地方；实在不行，你也可以找一些替代品，如口香糖等。坚持一段时间后，你会发现改掉吸烟的坏毛病并不像想象中的那么难。

所以，要培养好的习惯和性格，就要注意增强自我控制的能力，一个能够控制住自己的人，才能真正地掌握自己的命运。

习惯影响力

阻碍一个人天赋释放的往往是很多坏习惯：早晨赖床的习惯会让一个人上班迟到；爱找借口的习惯会让工作拖到最后；不珍惜时间的习惯会让人工作效率低下……总之，那些坏习惯会毁了一个人的效率与执行力。

在工作中，有四种坏习惯最可怕，它们会让一个人对时间管理无序，而且加强身上的拖延症。如果你能够加以克服，不仅会使你的工作变得生动有趣，而且还可以提高你的工作效率。四种坏习惯如下所述：

第一种工作上的坏习惯：**办公桌上杂乱无章，严重影响解决问题的效率**。

你的办公桌上是什么样的情景？是不是杂乱无章堆满了各种信件、报告和备忘录？当你看到自己乱糟糟的桌子时，你是不是总会紧张地想：我还有什么工作没有完成？怎么看起来我有这么多没有完成的工作！你是不是会因此而感到焦虑，觉得工作如此繁重，从而对工作产生了厌倦？著名的心理治疗家威廉·桑德尔博士就遇到过这样的病人。

这位病人是芝加哥一家公司的高级主管。他刚到桑德尔博士的诊所时，看上去满脸的焦虑。他告诉桑德尔博士自己的工作压力实在是太重了，每天总有做不完的事情，但是无可奈何的是又不能辞职。桑德尔博士听完他的一席话后，指着自己的办公桌说："看看我的桌子，你发现了什么？"这位主管顺着桑德尔博士手指的位置看去，回答道："比起我的办公桌，你的实在是太干净了。"桑德尔博士听了他的话微微笑道，"是啊，这样干净是因为我总是在第一时间将工作处理完，这样一来我的桌子上就不会有太多的工作啦，你可以试一试我的方法。"

那位主管一脸疑惑地看着桑德尔博士。过了三个月，桑德尔接到了那位主管的电话。在电话里那位主管非常高兴，他对桑德尔博士说："你的方法简直太神奇了，我看到自己的桌子再也没有像以前那么大的压力了。现在我的桌子也和你的一样干净了。"就这样桑德尔博士治愈了这个高级主管的焦虑症。

著名诗人波布曾写过这样的话："秩序，乃是天国的第一条法则。"芝加哥西北铁路公司的董事长罗南·威廉说："我把处理桌子上堆积如山的文件称为料理家务。如果你能把办公桌收拾得井井有条，将会发现工作其实很简单。而这也是提高工作效率的第一步。"

看自己的办公桌，如果文件堆积如山，那就开始清理它吧。

第二种工作上的坏习惯：**工作中分不清事情的轻重缓急**。

著名企业家亨瑞·杜哈提说，如果一个人同时具备了他心中的两种才能，不论开出多少薪水，他都愿意。这两种才能是：第一，善于思考；第二，能够分清事情的轻重缓急，并据此做好工作计划和安排。

查尔斯·鲁克曼说："我每天都会在早晨五点钟起床，因为此刻正是思维活跃、清晰的时候。在这个时候，我可以就近期的工作进行一些规划，排出事情的主次，以便安排自己的工作。"

第三种工作上的坏习惯：**不能果断处理问题，导致问题总是处于悬而未决的状态。**

霍华德先生说，在他担任美国钢铁公司董事期间，董事们总要开很长时间的会。因为，会议期间要讨论很多议题，但是大部分议题却无法达成共识。其结果是，工作效率无法提高，而董事们的工作量却十分繁重，每位董事都要抱上一大堆报表回家继续工作。

针对这种毫无效率的工作方式，霍华德先生向董事会提出了自己的建议：每次开会只讨论一个问题，而且必须做出最后的定论。霍华德说，虽然这个做法也有其弊端，但是总比悬而未决，一直拖延来得要好。最终，董事会采纳了他的建议。霍华德先生说，很快，这种方式就体现出了自己的优势。他们很快就把那些积累了很长时间的问题解决了，董事们干起活时也觉得轻松了许多，不必再把家庭作为自己的第二工作场所了。

不得不说，这确实是一个提高工作效率的好方法，值得你我借鉴。

第四种工作上的坏习惯：**喜欢大包大揽，不相信自己的部下或者同事**。

很多人都有这种工作习惯，所有事都喜欢亲力亲为。结果，他们总是被那些琐碎的事情纠缠得筋疲力尽，无法享受自己辛苦打拼来的幸福生活。这种现象在很多领域都普遍存在。人们总是不放心其他人，担心那些人会把事情搞砸。于是，他们只能不厌其烦地处理那些在工作中出现的细微事情。喜欢大包大揽的人，始终处于一种紧张的、焦虑的生活中。

然而，要试着相信他人，将自己手中的工作分一部分交给他人来完成，对于一个责任感太重的人来说也是不容易的事。如果一个人没有能力承担你所交给他的工作，那么必将会影响到你的相关工作，进而损害你的声誉。可是，如果我们要摆脱紧张的工作状态，就必须学会分权，学会量才而用。将那些无关大局的琐碎工作交给他人，你不仅会提高自己的工作效率，还会体会到工作的乐趣。试一试吧！

上面列出了在工作中容易养成的四个坏习惯。请检查一下自己在工作中是否正在犯上述的错误。如果有，请马上改正，这样，你就会懂得如何管理实践、如何提高效率、如何加强自己的执行力。

良好生活习惯的养成

每逢夏日，街边“撸串”成了现代人喜欢的休闲方式。几个朋友聚在一起，一边品尝着烤肉啤酒，一边天南海北地神侃，直到凌晨才各自散去。人与人之间相聚小酌固然没错，但不加节制地消费健康却容易带来一系列问题：由于暴饮暴食，或是吃了太多不新鲜的肉类食品和海鲜，第二天就可能出现肠胃不适的症状。而睡眠的严重不足，不仅会影响到工作和生活状态，也会造成悲观抑郁、焦躁易怒的情况，甚至会引发心脑血管疾病。

“生物钟”是生物体生命活动的内在规律，调节着机体各项功能的正常运转。好的生活习惯，有规律的作息时间，能够提高人的工作效率和学习成绩，减轻疲劳，预防各种疾病的发生。反之如果生活不规律，人的身体就会感到疲惫不适，精神就会萎靡不振，在严重损害健康的同时，自然也不会有好的心情。因此，改善我们的心理状态，首先就要有好的生活习惯。

保证充足的睡眠。“夜猫子”已经成为现代人的“时尚标签”。但睡眠不足，对身心健康会造成严重的危害。一般来说晚上十一点前就应该入睡，最好不要超过十二点，同时成年人应该保证每天七到八小时的睡眠时间。

饮食要有节制，注意营养搭配。一日三餐是我们每天体力和精力的重要来源。很多白领有不吃早餐的习惯，长此以往不仅会影响肠胃功能，精神状态也会受到影响。要健康饮食，吃得科学，吃得合理，才能增强体质，有效抵制疾病的侵犯。

每天要留一些放松休闲的时间。不管工作有多忙，生活有多累，都要留出一点时间来放松自己的身心。规律的生活就应该有张有弛，工作之余，安静地喝杯茶，看本书，或是看一部有趣的电影，去 KTV 唱唱歌，都能起到很好的调节作用，提高我们的生活质量。

美国马里兰大学的专家通过试验发现，唱歌作为一种休闲方式，不仅能释放压力，舒缓心情，还能够起到预防治疗疾病的作用。当人放声歌唱的时候，不但可以加强面部肌肉运动，促进颈部、面部血液循环，还能提高人体的肺活量，预防心肺功能衰退。

科学家将二十名老歌手与不经常唱歌的同龄人进行比较，发现歌手的胸壁肌发达，心肺功能好，而且心率缓慢。还有一项调查显示，每天保持唱歌习惯的人比普通人的寿命平均长十年。

要注意个人卫生和外在形象的整洁。很多人由于工作忙，平时便不注意个人卫生，也不修边幅，甚至距离很远就会让人闻到一股汗臭味。这不仅会影响到个人健康，也会严重影响到人际关系和积极自信的心理状态。所以，我们要保证每天刷牙洗脸，饭前便后要洗手，定期洗澡洗头和剪指甲，出门时也要注意服饰干净整洁，这样才能让自己有好的心情。

保证适度的体育运动。没有每日坚持锻炼的生活习惯，就会让人变得越发慵懒，对生活也会产生懈怠和消极的情绪。所以，不管平时多忙，都要抽出一点时间来进行体育运动，以此来调节身心，释放压力，补充能量。

俄罗斯总统普京始终保持着身体强健、精力充沛的生活状态，他的秘诀就是热爱运动，并且能持之以恒。他热爱柔道、滑雪、冰球、游泳、骑马、赛车等项目，尤其在柔道方面造诣极深。他认为，柔道是训练体能和智能的项目，有助于提高人的力量、耐力和反应速度，使训练者学会控制和完善自我，认清对手的长处和短处，以便争取到最佳结果。

普京日常的工作非常繁忙，但他总要抽出一些时间来进行体育锻炼。他在俄罗斯民众中倡导健康的生活方式，希望体育锻炼能成为俄罗斯的社会时尚。普京说："健康生活方式关乎国家和民族的未来，"不可能借助药片来解决俄罗斯人的健康问题，应让人们崇尚健康的生活方式，积极投身到体育运动中来。"

想要有健康的身体和良好的精神状态，就得有好的生活习惯。我们要学会有规律地生活，让好的心情每一天都伴随在我们的左右。

日本著名音乐人久石让说："作曲家如同马拉松选手一样，若要跑完长距离的赛程，就不能乱了步调。"我们每个人的生活，都应该保持有规律的步调。人体的各个系统每天都周而复始有规律地工作着，我们的生活应该适应这一情况，做到按部就班，这样才能促进身体健康，才能让我们始终拥有积极的心态。

习惯的好与坏

任何事情都具有双面性，习惯也不例外。它既有好的一面，也有不好的一面。好习惯使人摆脱平凡，走向卓越；而坏习惯则会让人安于现状，一生碌碌无为。

很早就听过一个故事，虽然小鹰具备“飞翔”的能力，可如果把它放在鸡窝里抚养，它就再也不会飞翔。同理，本来经过一番努力可以成功的人，也会因为习惯性地听从他人，缺乏主见和决断，人云亦云，活在别人的观念里，白白浪费了天赋和才能，结果只能碌碌无为、毫无建树地过完一生。

相反，也有一些人因为具备了某些良好的习惯，一步一步地走向成功。他们当中有的人珍惜时间，在别人喝茶聊天的时候抓紧时间学习、工作；有的人敢于面对一次次的失败，认为“失败是成功之母”；也有的人没有被无数次的拒绝而打倒，反而更加努力向上……

一位成功的企业家，不到四十岁就有上亿万身家。创业之初，他没有任何背景，完全是白手起家。每当人们好奇地问他是如何做到的时，他总是微笑着说：“只是因为我很早就‘习惯被拒绝’。”

原来，由于小时候家里穷，他高二便辍学前往深圳打工，费尽周折才在一家饭店找到了一份服务员的工作。小小年纪的他不怕吃苦，总是抢着做饭店的工作，光是土豆丝就要切满满的三大盆。一天，一个好心的厨师悄悄地对他说："兄弟，我看你能吃苦，为人处世也不错，感觉你挺适合做销售的。"

听罢，他考虑再三，辞职做了销售。那年他刚满十八岁，年纪轻，又没有任何的销售经验，去公司应聘总是被人拒绝。他没有气馁，心想：深圳那么多的工厂和公司，总会有一家公司接纳自己。

经历了无数次的拒绝后，一家卖电池的公司接纳了他，不过底薪很低。他自己买了辆旧自行车，带着两大箱电池开始大街小巷地上门推销电池。虽然每天很努力的工作，依旧一板电池也卖不出去。

一天，一个杂货铺老板赢了一盘棋，年轻人看到，便上前夸奖老板水平高。老板扭过头看他，说："你这小伙子真有意思，我都拒绝你三次了，你还不死心，真有股倔劲儿啊！这样吧，我买你一百板电池（一板四节），如果质量好，以后我还从你那儿进货。"于是，年轻人终于做成了第一笔生意，拿到了四十块钱的销售提成。

靠着这股不怕拒绝的劲儿，他很快成了全公司的销售冠军，每个月都有上万元的收入。不过，虽然销售业绩不错，但是电池行业销售数额毕竟有限，于是，他跳槽到了一家做安全防护产品的大公司。这个行业的客户都是消防、石化、井架、油田等大客户，随便一单都是几百万甚至上千万元，最小的单也有几十万元。

不过，隔行如隔山，虽然在电池行业干得如鱼得水，可是进入新的行业，还要从头做起。

他每天的工作就是打电话，从百度搜索到相关的公司，然后再打电话进行推销。这样的推销电话，他每天能打几百个，可成功率甚至达不到万分之一。但正是因为他不放过这万分之一的成功概率，成功成了两单生意，共一千余万元的销售额让他顺利转正，成为这个外资企业最年轻的销售员。

后来，有了销售网络和一定的资金后，他自己开了一家公司，代理一家安全防护公司的产品，事业开始快速发展起来。

古今中外，但凡有所作为的人，身上或多或少都有些可圈可点的习惯在影响着他们。这位年轻的企业家能够成功，也缘于他良好的习惯——不怕拒绝。当一个人把被拒绝当作习惯时，还有什么能阻止他前进的脚步呢？

莎士比亚曾说过："不良的习惯会随时阻碍你走向成名、获利和享乐的终点。"佩利也曾经说过："美德大多存在于良好的习惯中。"可见习惯是一把双刃剑，关键在于我们怎么运用它。现在我们要做的，就是审视自己的思维和言行，纠正那些不良的习惯，培养一些让人受益终生的好习惯。

自律与习惯

我们正处在一个快速发展、不断变化的时代，昨日的成就不能代表今日和明日的成就，只有怀着强烈的进取心与时俱进，超越自我，才能保持优秀。但是，人与生俱来都有一种惰性，这种惰性会不断侵蚀进取心而形成缺乏自律的态度。如果说我们在生活和工作中日积月累所养成的惰性和放任态度，之所以没有成为我们自身的主宰，反而被我们制服，正是因为我们运用了自我约束的意志力，这种意志力又被称为“自控力”。换句话说，具备这种能够抵制、克服各种诱惑的能力，正是我们自身所具有坚强意志的最佳体现。

确实，自控可以使我们在做任何事情时都能保持正确的方向、良好的动机，并且运行于理想的轨道上。倘若将自控力发挥于运动竞技场上，它仍旧是争取胜利的关键。如果你对足球稍有研究，你应该知道德国足球队在世界赛场上屡创佳绩，并以顽强的风格闻名于世。众所周知，无论处于多么恶劣的境况下，德国足球队都会拼搏到最后一分钟。

德国足球队的成功固然与球队训练有素有着密切的关系，但最重要的一点是因为球员们都拥有良好的自控力。在贯彻教练意图，完成自己所担负的任务方面，他们没有一丝一毫的放任，总是忠于自己的职责。曾经有人说过德国队不懂足球艺术，表现死板、不够灵活，但事实胜于雄辩，作为职业球员，他们表现出了神奇的自控力，并且用成绩证明了自己是优秀的。

德国足球明星米洛斯拉夫·克洛泽就是一个自律的典型代表。克洛泽是一个大器晚成的球星，十九岁的时候，他还在业余联赛中踢球。但因为表现出色，他被邀请到了德国第三级别联赛洪堡队，成了一位半职业的球员。二十二岁的时候，克洛泽由于表现出色，入选了德国“凯泽斯劳腾”青年队。在 2000 年的时候，二十二岁的克洛泽才代表“凯泽斯劳腾”队完成了自己德国的首秀。克洛泽进入职业联赛时的年纪已经不小了，但他很珍惜得来的机会。在第一个赛季，他就为球队攻入了九个进球；第二个赛季，攻入了十六个进球，完成七次助攻，成为 2001 年第二赛季的最佳德国本土射手和最佳新秀。至此，克洛泽开始了自己的辉煌时刻。自 2000 年至 2011 年他共在德国足球甲级联赛出场三百零六次，攻入一百二十一个球，助攻七十九次；曾获得两次德国足球甲级联赛冠军、五次德国国内杯赛冠军，以及射手王、助攻王、最佳球员、德国足球先生等荣誉，成就了德国足坛荣誉大满贯。

但克洛泽并没有因此而满足，他还有更大的愿望——成为世界杯历史上进球最多的选手。但 2011 年的时候，克洛泽已经三十三岁了，这个年纪的运动员大多已过巅峰，想进入国家队很困难了。但克洛泽没有放弃，他长期生活自律，不抽烟，不喝酒，合理饮食，这样的自律让他一直保持着良好的状态。这一年，他转战意大利赛场，加盟了那不勒斯队，因为这里能给他更多的上场时间，让他保持状态。他希望入选 2014 年巴西世界杯的德国队大名单，代表德国队继续征战。

他在意甲赛场上也证明了自己。三十三岁的克洛泽帮助拉齐奥队捧得了意甲杯赛冠军，并为球队踢进六十四个球成为队史第一外籍射手，其中在单场打进五球的壮举打破意甲尘封了二十七年的纪录。

他良好的自律，让他以三十六岁的高龄继续参加了巴西世界杯，在半决赛“德国 VS 巴西”的比赛中，克洛泽在第二十三分钟时踢入了历史性的一个进球。这个进球，让他超越了坐在解说席上的“外星人”罗纳尔多的十五个进球，以十六个进球成了世界杯历史上进球最多的选手，并最终带领德国队赢得了这届世界杯。

克洛泽的足球生涯是完美的，取得了一切该取得的荣誉，但这些荣誉离不开他自律的习惯。正因为自律，让他一直保持着良好的身体，他才能在三十六岁的时候参加世界杯，成为世界杯历史上的射手王。

高尔基曾经说过：“哪怕是对自己的一点小的克制，也会使人变得强而有力。”

要主宰自己并主宰自己的命运，必须对自己有所约束、有所克制。如果缺乏自控力，就像是汽车缺少了方向盘和刹车器，很难避免犯规、闯祸，甚至会发生撞车、翻车等意外。想要避免意外的发生，最基本的做法当然就是培养自控力。

是的，人要学会控制自己，不要放任自己，更不该使自己迷失于懒惰和贪玩之中。自我约束就等同于自我提升。任何一个人自从成年起，就到了为自己做决定、为自己负责的年龄，如果你还学不会控制自己，将来有一天，只怕你将会置身于自掘的坟墓中哀叹，你将无力推开堵住坟墓出口的岩石。现在，你必须果断起来，好好学习，确定自己人生道路的方向。这样，你才能让生活安定，不再像秋风中的落叶一样飘忽不定，过着漂泊的日子。

大部分年轻人喜欢随心所欲，凭一时的兴趣行事。然而，我们能享受到的生活乐趣和所拥有的功成名就都源于凭借自身自控力所做出的调整与转变。如果你能够趁着年轻力壮、精力充沛的时候学会自制，并让自控力伴随参与你的整个人生，幸福、愉快和欣慰将能够持续下去。

即时行动

英国诗人爱德华·卡彭特说："拖延即偷窃时间。"拖延是一种非常坏的工作习惯，每当要付出劳动或者做出抉择时，总希望找一些借口来安慰自己，总想给自己减轻负担。归根结底，拖延的背后是人的惰性在作怪，是没有勇气面对生活的懦弱表现。当我们抱怨梦想没有实现，或者任务没有完成时，要首先思考一下，自己在工作时是否按时行动，按时完成每一件计划好的事了？

有一个人对自己的未来有过很多设想：

十八岁，他希望能考上自己梦寐以求的重点大学。那时候，他感觉时间还很充裕，所以得过且过，等他想要奋力冲刺时，距离高考的日子已经所剩无几，结果可想而知，他名落孙山。

二十五岁，他希望娶一位漂亮的姑娘做妻子。遗憾的是，他自卑不已，认为自己无房无车，给不了别人幸福，于是，当那个心仪的女孩真正走进他的生活时，他选择了退缩。

二十八岁，有一个很好的创业机会摆在眼前，但他害怕风险，犹豫不决，不忍心放弃安逸稳定的生活，最终选择了放弃。

五十岁，他意识到人生已所剩不多，便决定提笔著书，当一名作家，这次他没有犹豫，排除一切干扰，静心写作，几年后，他成了一位作家。这时，他才真正意识到行动是多么得重要。

看完这个故事，我们会忍不住为他惋惜，要是早一点行动该多好。那样的话，他就会考上理想的大学，娶到貌美的妻子，拥有一份成功的事业……可是，他的行动看起来还是有些晚了。

人们习惯于在缜密思考后再做出决定，结果常常是，过多的思考制约了自己的行动。太史公司马迁在《史记》中写道："当断不断，反受其乱。"可见，犹豫不决也是做事的重大忌讳。当我们一旦认定某个目标的时候，就应该马上行动，不要拖延，不要让纷繁杂绪扰乱了自己的心志。

有一家名为"蜀地传说"的餐厅，它的老板是毕业于上海戏剧学院表演系的任泉。谈到开这家餐厅的初衷，任泉说道："大学刚毕业的时候，一次吃到朋友父亲做的'辣鱼'，非常喜欢，就想着自己开家餐厅。"

有了这个想法后，他没有仔细筹划，就开始经营它了。刚开始，餐厅的布置很简单，就几张桌子、几把椅子而已，慢慢地才形成了规模。

在谈到创业经验的时候，任泉坚定地说："其实并没什么，只有一点，有想法就马上去做，不要拖，不要想太多，理想往往就是通过几把椅子搭起来的。"

有时太多的论证、准备或者观察，往往是心理的自我袒护，是一种刻意的拖延，是退却的“完美反应”。

“**不要拖，不要想太多**。”事实上，成功就是这样，想到了就去做，只要有心，任何困难都可迎刃而解。现实生活中，那些总是抱怨的人往往就是没有目标、没有思路，在实现目标的路上犹犹豫豫、左右摇摆。而我们只要将心中的烦恼清除干净，不拖延，不徘徊，一切都可迎刃而解。相反，自作聪明地拖延工作会让你陷入非常被动的局面。

世界上的成功人士虽然在成功的道路上各有各的不同，但他们都有一个共同特点——只要认定了一件事，无论会面对多大的困难，他们从不拖延，从不抱怨，从不为自己找理由。而是立即行动，孜孜不倦地朝着既定目标努力。

这是一个“大鱼吃小鱼”，竞争越来越激烈的时代。大至公司，小至员工，要想立于不败之地，就必须奉行尽快完成任务的工作理念。作为老板，“天时、地利、人和”是他们成功的关键。“天时”排在第一位，为了生存，他们恨不能把一天分成八天用。按他们的预算，罗马三日建成也算慢。所以，一名做事拖延的员工，永远不会受到他们的欢迎。

所以，**不要再抱怨自己的处境艰难，要保持“立刻行动，一分钟也不拖延”的进取意识，那样你才能得到别人的赏识，从而达成自己的心愿**。

练习：改变习惯的方式

1. 用“一……就……”的句式建立线索

“一……就……”的句式可以帮助我们在当前者发生时，启动后面的计划。

比如：一吃完饭，我就列为明天的计划；一想到要看电影吃零食，我就坐回来工作，完成这个任务再休息。

2. 降低行动阻力

在做某件事时，不断简化步骤和操作，降低行动的阻力，让大脑在第一时间不假思索地做出选择。

比如：假设你将线索设定为“一完成今天的工作，我就去跑步”，试想以下两个场景：

场景一：完成工作，伸了个懒腰，这时，你想起“跑步”的指令，扭头一看，腰包、耳机就摆在旁边，运动鞋洗刷干净，摆在房间门口，半分钟就能穿戴完毕。

场景二：完成工作，伸了个懒腰，这时，你想起“跑步”的指令，转念一想，还得从柜子里翻出腰包，找出耳机，运动鞋还不知道扔在哪里。

在这两个情况中，你会更愿意按照哪个指令去行动?

3. 一次只聚焦一个习惯

如果只是单纯地把时间高效利用起来，很容易把习惯养成变成 KPA。

4. 在感觉良好时停止

比如：当你拿起一本书阅读时，需要几分钟进入状态，这时就称为“上升区”。进入状态之后，你的大脑会非常活跃，思路清晰，这时是“平稳区”。随着时间推移，你会开始感到疲劳，兴趣慢慢下降，这是“下降区”。一旦跌到低位，你会感到读不下去，非常烦躁，而且你会感到十分疲倦，这时就进入了“负效用区”。所以，在“平稳区”和“下降区”的交界处停止，去做别的事情。

第八章

发挥天赋

思考：确定天赋

判断自己对某件事是否有天赋，需要通过以下几点：

1. 拿出一支笔，在笔记本上记录生活、工作、学习、娱乐中最开心、最有成就感的事。

2. 找到这些事情的共同点与事件的本质。绘制一个表格，将这些“点”填写在表格中。

3. 用相关领域的检测方法来分析这几“点”，判断其是否为天赋。

4. 运用天赋技能，横向扩大相关领域知识，拓展天赋的能力。

用后天学习击溃天赋人才

中国有句古话——“活到老学到老”。学无止境，一个人一旦对学习失去了兴趣和追求，他的人生也不会有很大的起色。我们生活在一个知识爆炸的时代、一个知识不断更新的时代，如果没办法让自己学习，很快就会被社会大潮淘汰，沦为时代的弃儿。

我们正处于高速发展的时代，这个时代是多变的。身处这样的时代中，我们就需要紧跟时代，不断学习，更新自己的知识底子，使得自己能够认清时代当中的机遇，并能够学会与机遇一起赛跑。在过去的十几年中，我们最重要的认识就是——终于明白了受教育不仅仅是在学校需要做的事情，更是一生都必须持续的事情。变化首先来自市场。在这个变化过程中，唯有不断给自己充电，才能紧跟时代。

美国著名的管理学家德鲁克就是一个很好的例子。

从 1937 年移居美国后，他就开始了一边教书一边写作的生涯，一年后，他出版了第一本著作——《经济人的末日》。在随后的几年里，德鲁克几乎每隔三四年就会出版一本著作，而他的著作所围绕的始终是关于经济和企业管理一类的理论。但是，他的管理学理论并非是凭空想象出来的，也不是他经验的总结，因为他的一生，始终都是处在教书、写作和学习当中。

可德鲁克的理论究竟是从哪里来的呢？答案显而易见的——很大一部分都是通过他平时的读书积累而来。德鲁克用别人无法相信的时间和毅力读完了很多前人留下来的，关于经济和企业管理方面的成果，同时也对美国的资本主义形态和美国经济的运行体制进行了透彻的研究和分析。

1942 年，他又受聘于全球最大的企业——美国通用电气公司，成为一名顾问。自此，他开始了对世界大型企业内部管理上的研究和分析。可以说，他在不怕困难、努力学习的意念下，掌握了通用公司企业内部管理，使企业走上一条漫长的辉煌之路的过程和原因。于是在四年后的 1946 年，他根据自己在通用公司调研中的心得写成了《公司概念》一书。这本书的出版，为他打开了一扇通往企业管理的窗，同时也让他首次提出了“管理学”这一概念。

德鲁克认为，管理是一门学科，不应该把它与其他任何一门学科混淆在一起。从此，管理学正式成为一门有别于其他任何一门学科的课程。可以说，德鲁克的这一富有战略性的做法，开创了一个全新的管理学篇章。而他在借鉴前人留下来的宝贵经验的同时，提出了一个既属于自己，又属于整个人类的管理学体系。无疑，这一切都是德鲁克努力学习前人的经验，勇于探索的结果。

为了充实和完善自己的管理学理论体系，在随后的诸多年里，德鲁克又对美国电报电话公司、惠普、微软等世界五百强企业进行了更为深入的研究，并于1954年出版了他的另一本重要的著作——《管理实践》。在书中，他首次提出了“目标管理”这一划时代的理论，从而为很多企业管理者提供了一个可以用来控制企业目标与成就的方法。

其实不仅仅是德鲁克，包括微软创始人比尔·盖茨，谷歌创始人谢乐盖·布林和拉里·佩奇等人，他们都是在学习和钻研中慢慢成长，并创造出了属于自己的惊人成绩和财富的。由此可见，只有努力学习，并在学习中继承那些优秀的文明成果，才能不断前进和发展，成就出伟大的事业。

不过，对于大多数人而言，时间也就是金钱。如果充电学习没有从自己的实际出发，那么，不但充电不成，还浪费了自己宝贵的时间，所以，不同阶层的人应该选择不同的充电内容。

对于大型企业高层来说，宜以战略修养为重点。当企业达到一定规模的时候，需要对企业管理人提出更高的要求，北大光华管理学院院长助理何志毅教授认为：“企业管理人员本身对企业的经营管理负责，不但要有很好的实践经验，还需要掌握系统的管理知识，具备国际视野和战略眼光。没有管理经验的人随便学习管理专业不可能成为一名好的管理人员。”此时的企业需要管理者着眼于战略规划、竞争优势，提高商业洞察力，这类管理者就应该选择战略修养作为自己的充电内容。

对中层管理者来说，“操作性”是最重要的一点。一般来说，中层管理者都是从业务骨干中提拔出来的，这些人身兼决策及实施职能，在系统的管理知识和科学的分析方法方面有所欠缺。所以，这类管理者就应该在管理方面，运用具有操作性的内容作为自己的充电内容，以求系统而全面地掌握现代管理学的基本概念、管理的基本原则和实用管理方法、技巧及应用工具，使企业管理团队对现代企业管理规则有正确和统一的认识，真正领会管理的精髓。

对于普通员工来说，要在自己专业知识领域一步步加深，通过不断纵深地学习，让自己在这方面成为无可替代的人才，这样，你才能成为公司最不可或缺的人。

不断学习，无论是对高层、中层、还是普通员工，都是至关重要的。如果不在自己的领域中不断地学习，你面临的就是被社会淘汰的命运。唯有学习，才是在社会中安身立命之本。

运用“优势分析法”发挥天赋

现在的社会充满了各种各样的选择和机会。人们只要胸怀理想，有能力有魄力，就可以掌握自己的命运；无论从何时何处起步，都可以沿着自己所选择的目标攀上事业的巅峰。实际上，员工应该成为自己目标的首席执行者，学会并实践自我管理、自我发展、自我规划，把自己放在能对组织和社会做出最大贡献的位置上，在漫长的职业生涯中始终保持着自控力、警觉和付出，认清自己的优势，不断修正并坚定自己的发展道路。

李莉莉从小就会说话，喜欢与人打交道。所有的亲戚朋友都夸她，说她情商高，以后一定是当外交家的材料。李莉莉的父母也是这么认为的，所以当大学报考志愿的时候，父母就帮李莉莉选择了北京外国语大学，然后选择了意大利语这门小语种。因为选择人数不多的语种，以后竞争的压力也就会变小。李莉莉听从了父母的建议。

上大学后，李莉莉发现自己根本不喜欢意大利语，而且也没有积极性，所以这门语言的学习成绩很差。同时，她也发现，她并不是很喜欢当什么外交家，这都是亲戚朋友们不断怂恿，让她产生了幻觉。

于是，她在父母不知情的情况下偷偷换了自己的专业，改学工商管理。她发现，她对做生意很感兴趣。即将毕业时，父母发现她换了专业，而且也没去应聘外交领域的职位，又气愤又伤心。

李莉莉开导她的父母道：“我自己了解自己的优势，也了解自己的兴趣爱好。如果把我放在我不喜欢的行业中，我不会成为出类拔萃的那一类人，只会成为最为平庸的那个。现在我选择了我最喜欢的，而且大家也一直说，我很擅长与人打交道。在这个行业中，同样是与人打交道，我相信在我现在的领域，我会做得更好！”

父母没办法，只能从了李莉莉。没想到，李莉莉真是做这行的料，她从售楼的销售干起，因为她会说、爱笑、有亲和力，没两年就成了公司的销售冠军，没到五年的时间，进入了管理层，成了公司的高管。

李莉莉就是能够发现自己的优势，通过学习，把优势逐渐放大，最后在事业上迈向了辉煌。

大多数人的经历都说明，用最合适自己的方式，做自己最擅长的事，才是最容易成功的方法。但在德鲁克看来，许多管理者只知道自己不擅长什么，只了解自己的缺陷，对于自己擅长什么并不是很清楚，更谈不上利用自己的所长了。因此，人们想要成功，首先需要对自己有一个深刻的认识。不能了解自己的人，就谈不上自我发展。

下面，列出了几个问题，这些问题有助于我们认清自我：我的长处是什么？我是如何工作的？我的价值观是什么？我属于何处？

我该做出什么贡献？

要发现自己的长处，并不是一朝一夕能做到的，有一个有效的途径，那就是“回馈分析法”：每当你做出重要决定，或采取重要行动的时候，都可以事先记录下自己对这个任务结果的预期，也就是你的预定目标，一定周期后，将实际取得的结果与自己预期的目标进行比较。

每个人的长处都具有独一无二而且基本稳定的特点，工作方式也是如此，这通常与人在成熟后稳定的性格和行事风格有关，虽然可能经得起略微调整，但不可能完全改变，因为这是植根于人的习惯中的，不可能轻易动摇。

你认为什么才是有价值的？自己的价值观是自我控制中最后必须要确定的问题。个人的价值观应该与组织的价值观一致，即便不能完全契合，也应该是求同存异，否则人们工作起来就会觉得难以从心出发，压力会增大，工作时会感到非常疲惫，这样的状态下自然也就拿不出工作成绩。

在人们了解自己的长处、习惯的工作方式和价值观后，就能够得知自己应该从事于什么工作，并确定自己应该为团队、组织和整个社会做出什么贡献。此外，我们还要认识到同事、合作者、下属等身边共事者的长处、工作方式、处事习惯和价值观，想做好自己的工作，就要事先与他们有效地沟通。

优势能够发展，劣势能够改变。具备职业化思维方式的人，必须懂得利用这一点来挖掘自身的潜力。

我们在确立自己的工作目标时，应当结合自身实际情况，以自己的最大优势为辅助，以最可能获得成功的方式，确立最可能实现的目标。相反，一旦选择错误，就要多走不少弯路，即使比他人花费更多的气力，比他人付出更多时间，也可能无法达成目标，更有可能距离目标越来越远。这就是“事半功倍”和“事倍功半”的区别。

大多数人觉得没有发挥自己专长，最直接的原因正是很多人错误地认为：只要通过学习，每个人都可以胜任任何职务，每个人的弱点是他最有潜力的地方。

每个人其实都是特别的，拥有的才能是独特的，优点才是自己成长空间最大的地方。有一些成功的人士之所以能够成功，不是因为他改正的自己的缺点，而是他无限放大了自身的优点。**只有懂得发现自身优势的人，才能不断改进自己、提升自己，最终让优势成为天赋**。

在失败中寻找契机

在生活中遇到一些失败和挫折是很正常的事情，但是许多血气方刚的年轻人却对失败十分忌讳，遇到挫折的时候就显得非常暴躁不安，不懂得用一个正确的心态去看待这一问题。反而觉得失败是对自己整个人生追求的否定，从而郁郁寡欢、消极悲观。在和别人交流经验看法的时候，心存愧疚，总是有意识地去隐藏和掩饰那些“不光彩”的经历。

很多年轻人对失败的理解总是片面的，他们把失败看得一无是处，毫无价值。其实，失败所造成的严重后果，往往不在错误本身，而是在于遭遇失败后的态度。失败者如果把它看成“永恒”，将永无翻身之日。失败者如果能从这些打击之中学到教训，吸取经验，就会建立自信心，勇于直面错误，改正不足，最终获得成功。

年轻人在遇到失败的时候，千万不要让自己钻牛角尖，粗暴地撕碎个人的追求和梦想，而是应该静下心来仔细观察和研究，得出经验教训，积累成功的资本，把失败当作攀登成功之巅的阶梯。

有一位中年男子来应聘某大型公司职业经理人一职。这位中年男子说：“虽然我只有大专文凭、中级职称。但是我有着十五年的工作经验，曾经在九家公司做过事……”

他的话还没说完，主考官就摇头了，他认为，先后八次跳槽，是一种不负责的表现，这样的人是毫无职业素养可言的。

那位中年男子解释道：“主考官先生，其实我从来没有跳过槽，而是因为工作的那九家公司都倒闭了。”他的话刚说完，一个应聘者插嘴道：“你可真算得上是一个地地道道的失败者了。”中年男子听了，笑着说，“我觉得这并不是我的失败，而是那些公司的失败。这些失败其实就是我自己的财富。我对那九家公司十分了解，在那里上班的时候，我和我的同事们努力地对他们进行了挽救，最终虽然失败了，但是我知道错误和失败的每一个细节。同时，我也从这些细节当中学到了不少的东西，这些东西是其他人所不曾学到的。很多人经常炫耀自己成功的经验，而我却有着避免失败和避免错误的经验。”

主考官目不转睛地看着他，示意他继续说下去。他说：“我深深地知道，成功的经验大致上都是相同的，很容易模仿。但是失败的原因却各不相同。用十五年的时间去学习成功的经验，远不如用同样的时间去学习失败的经验重要。我从失败中所学到的东西会更多、更深刻。别人成功的经验可能无法成为我们的财富，但是别人失败的经验却是我们成功的资本。”中年男子说完坐了下来。主考官看着中年男子，说：“你被录用了，因为你体会到了什么是成功的资本。”

失败的过程也是学习的过程。在生活中，经常有人从成功者那里学习成功的方法和秘诀，但是却起不了多少实际性的作用。毕竟，**成功的经验，不过是纸上谈兵**。而失败的经验却不同，一个人从失败中学习到的经验会更深刻更全面，在以后的奋斗过程中也能少走一些弯路，少碰一些钉子。

五十年前，有一个叫卡那利的美国人开了一家比萨饼屋。用了短短一年的时间，他的比萨饼就成了闻名附近的食品，每天店里都处于爆满状态。于是，卡那利又开了两家分店，一段时间之后，那两家分店也是顾客盈门，效益良好。

卡那利的胃口一下子就大了起来，又在俄克拉荷马州又开了两家分店。然而，两个月之后，这两家分店却一直在亏损。卡那利很不解：同样是比萨饼，同样是开在大学校园的旁边，为什么俄克拉荷马州会失败呢？经过一段时间的观察和思考，他终于发现了问题的关键所在：两个城市的学生在饮食和趣味上存在着巨大差异。所以，他在装潢和配方上犯了极大的错误。发现这一问题后，他迅速改正自己所犯的错误，生意情况也迅速好转起来。

当他的比萨饼店开到纽约的时候也吃了不少苦头。尽管他在开分店之前做了详细的市场调查，却依旧无法在这个城市打开市场。经过调查研究他发现，原来纽约人对店中比萨饼的硬度不满意。于是，他立即研制新配方，改变了比萨饼的硬度。此后，比萨饼就成为纽约人早餐桌上必不可少的食品了。

卡那利用十九年的时间在美国开了两千多家分店，他的身家也达到了三亿美元。

后来，卡那利回忆说："我每到一个城市开一家新店，开头总是会失败。但是在失败之后，我并没有选择退缩，而是不断地思考失败的原因，努力地探索解决问题的办法，直到最后取得成功。当你不能确定什么时候成功时，就必须学会失败。"

失败对我们造成的损失是暂时的，如果不能从失败中吸取到教训，就会造成不可弥补的损失。每一个成功的人，都是能从失败中获得教训的智者。

英国的索冉曾经说过：**"失败不该成为颓丧、失志的原因，应该成为新鲜的刺激**。"所以，二十几岁的年轻朋友，不要在失败面前后悔、抱怨，也不要去发什么"一失足成千古恨"的感慨，我们应该知道"失败是成功之母"，失败之中往往孕育着成功。如果没有失败，任何伟大的事业都不过是海市蜃楼而已。

见贤思齐，“学习”天赋

很多高学历的毕业生走向社会后，都觉得自己掌握了最先进的理论知识，有着最聪明机智的大脑，在和别人相处的时候，时不时地表现出一种优越感，在做事的时候，也总喜欢摆出一副盛气凌人的架势，对别人颐指气使、指指点点，那副稚气未脱的面孔上经常表现出先知和师长的神气，让人看了心里不舒服。

孟子曾经说过“人之患在好为人师。”这里的“师”并不是我们常说的教书育人的老师，而是一种心态。好为人师的人自以为是、自高自大，忽略了学习，忘记了谨慎，忘记了奋斗，只知道把一些自以为很正确的意见和建议强行灌输给别人。这样不仅不会得到别人的认可，还会切断自己的退路。

每个人都知道孔子说的“三人行必有我师焉”的话，我们也不否认每个人都存在着可以让别人学习的地方。但是我们应该想一想，同样的意思，孔子为什么说“三人行必有我师焉”而不说“三人行必有我徒焉”？我们应该明白，孔子在说这句话的时候，就是要告诉我们：在生活和工作中，要摆正自己的位置，甘于做一个虚心求教的学生，而不是做一个好为人师者。许多成功人士之所以能够取得辉煌的成就，和他们在生活中经常保持谦虚的精神是分不开的。

阿瑟·华卡小时候是一名农家少年，后来成为美国著名的商业巨子。他的成功是他坚持奋斗的结果，同时也和他虚心学习的品质有着巨大的关系。

一次，他在杂志上读到了一些实业家的成功故事，为了借鉴他们的成功经验。阿瑟·华卡坐车去了纽约，来到了一名叫威廉·亚斯达的人的办公室。

威廉·亚斯达十分讨厌这位不速之客，便皱着眉头问他："你找我有什么事吗？"这个少年低声地说道："我在杂志上看到了你的故事，想向你学习一下怎样做才能够赚上一百万美元？"威廉·亚斯听后，就喜欢上了这个有上进心的孩子，他的脸上也露出了柔和的笑容。两个人竟然谈了一个多钟头，谈话结束的时候，亚斯达又告诉了华卡访问其他实业界名人的方法。

华卡根据亚斯达提供的方法，又遍访了一流的政治家、作家及银行家。

两年之后，这个二十岁的青年成立了一家工厂。二十四岁时，他又成了一家农业机械厂的总经理。仅在短短的五年内，他就成了一名百万富翁。后来，这位农村的少年，又成了花旗银行董事会的成员。

甘做学生、虚心求教的做事精神不仅能够提升自己的能力，还能不断开阔视野，更重要的是：能够结交一些优秀的朋友，改变自己的命运。

好为人师的人经常会沉浸在对自身知识体系的盲目自信中，他们凭借半专业的知识和微不足道的经验，喋喋不休、口若悬河地向别人传授一些所谓的知识方法。如果那些方法能够给别人带来实质性的帮助还能勉强说得过去，假如人们按照他的意见去办事，最终的结果却并不是想象中的那样完美的话，恐怕这个人就要成为众矢之的了。

有一个铁杆股迷，上班的时候就经常炒股，赚钱后他做起了全职股民。在开头的几个月里，适逢牛市，他赚了不少钱，在小区里成了小有名气的“炒股专家”，当有人向他“取经”时，他几乎飘到了天上，把这一段时间的炒股经验告诉了别人，并且信誓旦旦地说“买这只股票一定能够赚大钱”，那些股民对他的意见是言听计从，纷纷把钱都投入到他看好的那只股票中，谁知天有不测风云，这只股票成了垃圾股，那些买股票的股民各个落得个血本无归，一败涂地。而这罪魁祸首，最后也落得个“过街老鼠，人人喊打”。

好为人师的人不过是半瓶醋而已，并没有什么真才实学，真知灼见。他们所表现出来的信誓旦旦，并不是什么自信心，而是一种忘乎所以的自我膨胀。自我膨胀的人往往会过分地夸大自己的价值和能力，忘记自己究竟有几斤几两，让人感到好笑。

真正的成功者从来不会把自己当成成功者来看待。因为他们懂得满招损谦受益的道理，在与人交往和追求目标的时候能够保持一种谦虚的态度，老老实实地扮演着学生的角色。这样不仅能够让自己一步步地接近成功，同时也受到了他人的支持和爱戴，无论在事业上还是人际关系中，都能取得超出常人的成就。因此，二十几岁的年轻人，**在为人处世的时候，一定要摆正自己的位置，甘做学生，而不能好为人师**。

向下属学习

谦虚使人进步。身为领导对待工作要懂得谦虚，借鉴他人长处，进而将自己的才能发挥到极致，这样才会获得更高的权威。反之，如果领导目空一切，这样的行为只会成为自己前行道路上的绊脚石，不仅失去了下属对你的支持，还失去了下属对你尊重。

人们常说："不耻下问"。实际上，领导虚心向下属学习，能显示出领导的大度和良好的个人品行。切不可唯恐下级比自己长得"高"。

通用电气公司的前 CEO 杰克·韦尔奇，就是一个善于向他人学习的领导，并且因此让通用电气走向了更辉煌的阶段。

在执掌通用电气公司之后，韦尔奇通过大举的裁员与部门融合，对通用现行的体制进行了重新洗牌，就在很多媒体和通用公司的员工都对韦尔奇此举表示质疑的时候，韦尔奇再次提出了一个出乎所有人意料的决策——号召整个公司的员工都要"以全球所有公司为师"学习企业管理理念。尽管很多华尔街的财经人士都对韦尔奇的此举表示赞同，并且通用公司的股票价格也因此出现上涨，但公司的管理体制实际上早已是千疮百孔，所以摆在韦尔奇面前最大的问题就是建立一个健全的机制。

韦尔奇没有单纯地做出组建新团队的举措，而是从企业发展的角度出发，将目光放在了企业与市场的高度。因为他明白，只要动员全部企业员工和管理层展开一场向优秀公司学习的热潮，就能够彻底摆脱通用公司当前所面临的困境。

在韦尔奇的“向任何公司学习其优秀的管理经验”的口号下，通用公司重新焕发了神采和活力——不仅在二十年间使公司的净利润出现了大幅度的提高，还以一百零七亿美元的年盈利成为全球第一，韦尔奇本人也被誉为“世界第一 CEO”。与此同时，向优秀的企业学管理的做法，也让很多在通用公司管理层工作过的基层领导者收获了更多知识和经验。

由此可见，“敢于向任何人学习”已经成为众多企业管理者的共识。虽然很多例子都可以证明——领导应该抱有一颗向下属学习的心，但是有些领导还是很担心，如此一来自己的权威是不是会有所动摇？会不会让自己的尊严受到打击？更重要的是向下属学习就等于承认自己的能力不如下属，这是很难让身居高位的领导者所接受的。那么，领导者该如何面对不如下属的尴尬？

天士力制药股份有限公司总经理李文是这样说的：

“每个人都有一个心理的底线：如果说这条底线只能有一个位置，而我们两个人非此即彼的话，很可能谁也容不下谁。但事实并不是这样，家庭式作坊的运营模式早已被企业淘汰，现在的企业拿出了一套科学化的管理模式。如果有人有某方面的特长，我会安排他做符合他特长的工作。如果他综合能力比我强，我一定会推荐他到其他分公司做经理；或者他坐我这个位置更合适，我可以去其他分公司。

“下属在某一领域强过领导，这是很正常的事情。我们是制药企业，我不是学医出身，可以说我是个彻头彻尾的外行。所以，从这点看，我手下的人都强过我。但我们现在发愁的还是人才不够多，我们是个求贤若渴的企业，特别是对于像我们这样正处于上升期的企业。虽然我身为领导，但不见得我什么方面都强过我的下属。即使是能力超强的领导，也要依靠他人的辅助才能获得更大的成功，所谓尺有所短，寸有所长。”

领导者承认下属某一方面有比自己强的地方，并不是件令人难堪的事情，这样还会表现出领导者任人唯才的英明。

一位很有成就的管理者说过，他的智慧和能力平平，在公司至多算一般，但有一点却是别人无法企及的，那就是他总是设法使比自己聪明的人心甘情愿地在自己手下工作。

身居领导岗位的你可以不懂新技术，但是你一定要掌握最科学的管理方法，所谓“闻道有先后，术业有专攻”。

在日常管理中，领导者要善于发现每一位下属的长处和优势，放下身架，谦虚地向他们学习，这样才会不断进步。领导者的管理

方式成功与否，不在于是否具有非凡的能力，而是表现在不断地借鉴别人长处的地方，通过借鉴和学习别人的优点来逐步完善自己。所谓“成功是经验的积累”便是这个道理。

发现自己的问题

“吾日三省吾身”是君子每日修身养德必做的功课。它告诫人们要时常自省，时时反思。只可惜，在这个物欲膨胀的时代，能做到的人寥寥无几。我们对别人和外部世界总是太过关注，这样往往会忽略我们对自身的认知。发现自我以外的缺憾并不困难，难的是找到自己身上的毛病。唯有自省，才能使人深刻意识到自己的错误和不足，才能使人迷途知返，不再重蹈覆辙，找到人生正确的方向。

两年前，木制的手串在中国销路很好，一些人便铤而走险到某些政局不稳的东南亚国家走私木材。定金交了，运输通道的关系也打理好了，却被当地警方逮捕，最终落了个财物两空的下场。

这些人被释放回国以后便整天抱怨，说那个国家的商人不讲诚信，警察像强盗等。他们把别人数落了一遍，唯独没有反省自己的问题。为了挣钱，到本来就危险的环境之中去做一些违法勾当，最后不仅赔了钱财，还锒铛入狱，这实在怪不着别人。网络中有句话说得好，“不作死就不会死”，说的就是这个道理。

对别人再微小的瑕疵，也总能明察秋毫；对自己显而易见的不足和缺点，却总是视而不见。不懂得自省的人，永远是浑浑噩噩、糊里糊涂地生活，整天只知抱怨别人的种种不好，却不肯虚心反省自我；不懂得自省的人，总是在同一个问题上反复犯错，在同一个坑里来回摔跟斗。

在美国，有一位牧师，主持过很多新人的婚礼。他外表看上去非常和蔼可亲，可对自己的儿子却非常严厉，经常因为一点儿小事要把儿子教训一通。父子俩经常吵得面红耳赤。

在一次激烈争吵之后，儿子选择了离家出走。焦急的牧师找到了当地一位教育学者，诉说自己的苦衷。学者还没开口，牧师就愤怒地细数儿子的种种不是：总和父母顶撞、晚上很晚回家、背地里偷偷饮酒、棒球比赛时打伤同学……话没说完，牧师就流下了眼泪——他担心儿子现在的安危，更不知道儿子为什么那么叫人操心。

学者听了他的抱怨，语重心长地说："你每天都在指责着儿子的不是，让他觉得自己就是一个无法变好的孩子，自己永远不会得到父亲的欣赏和喜爱。儿子变成今天的样子，你有没有想过自己该负怎样的责任？你每天都在为别人送去祈福，为什么不能对自己的儿子多一些宽容和赞美呢？"

学者的话让牧师恍然大悟。作为一名父亲，他的确非常失职。他一直在埋怨孩子，竟然没想到所有问题其实都出在自己身上。

自省可以引发我们对过往经历的反思。在反思过程中，我们可以总结失败的教训，让自己的心灵得到救赎。自省就像是电脑里的杀毒软件，可以把我们内心中所有病毒都扫描出来，并启发我们找到杀毒的最佳方式。随着我们内心愈发干净和清澈，生活也会随之变得舒心。如果牧师能多一些自省，或许儿子就不会离家出走，他也就不会那样悔恨和懊恼。

一个人一旦具备了自省的能力，便可以控制自己的欲望和冲动，驾驭自己的思想和心情。因为自省会让人体会到一种来自内心深处的无穷力量，会让人在应对各种挫折和挑战时表现出一种连自己都无法相信的潜力。不仅如此，我们还可以通过自省这面镜子，客观真实地认识自我，获得真正的智慧。

美国著名投资公司 GMO 在刚刚起步时，公司投资人杰里米为公司招聘了几位新人，其中一位叫杰瑞塔。杰瑞塔看上去非常普通，所有人都不对他抱希望。可三个月过去之后，杰瑞塔的销售业绩却名列前茅，这让杰里米非常意外。

原来，杰瑞塔自上大学就有“照镜子”的习惯，并把这个习惯一直坚持下来了。他每天都会给自己制定各种计划，晚上回家时便对着镜子自言自语，回顾这一天以来计划完成的情况，哪些做得好，哪些做得不好。日积月累下来，杰瑞塔对自己的长处和短处都能了然于心，并在实际工作中扬长避短，才会取得如此骄人的销售业绩。

兴奋的杰里米决定让杰瑞塔给全公司的销售人员做一次演讲，题目就是“照镜子的哲学”。后来，杰瑞塔成为公司销售总监，在全球各地都有他们的业务伙伴。

“照镜子”就是一种自省。人贵有自知之明，这个世界上最难解的谜题其实就是我们自己。通过自省，通过对自己的剖析，能够帮助我们抖净身上的灰尘，能够帮助我们找到解开谜题的钥匙，帮助我们在黑暗中找到有光明的方向。学会自省，让我们拥有超越自我的力量，让我们成为生活的智者。

苏联大文豪高尔基说：“反省是一面莹澈的镜子，它可以照见心灵上的污点。”人需要自省，因为每个人都难免有着不足和缺点，通过自省能够让我们不断进步日臻完善，也能够让我们在人生的长河中始终行驶在正确的航道上而不至于迷失方向。

练习：你的巅峰时刻

判断你做某件事的“巅峰时刻”有三条标准：

1. 你是否喜欢自己正在做的这件事？
2. 你喜欢做这件事时内心的感受吗？
3. 完成这件事时你为结果感到自豪吗？

成就巅峰时刻的四个必备要素（STAR）：

1. 当时的情况（Situation）
2. 面临的任务或目标（Target）
3. 采取的行动（Action）
4. 取得的结果（Results）

图书在版编目（CIP）数据

天赋觉醒：创造不一样的人生 / 江潮著 . -- 南京：江苏凤凰文艺出版社，2019.4

ISBN 978-7-5594-3379-4

Ⅰ.①天… Ⅱ.①江… Ⅲ.①成功心理—通俗读物
Ⅳ.① B848.4-49

中国版本图书馆 CIP 数据核字 (2019) 第 034647 号

书　　名	天赋觉醒：创造不一样的人生
著　　者	江　潮
责任编辑	刘洲原
特约编辑	赵璧君　申惠妍
出版发行	江苏凤凰文艺出版社
出版社地址	南京市中央路165号，邮编：210009
出版社网址	http://www.jswenyi.com
印　　刷	北京永顺兴望印刷厂
开　　本	880mm×1230mm　1/32
印　　张	7.75
字　　数	150千字
版　　次	2019年4月第1版，2019年4月第1次印刷
标准书号	ISBN 978-7-5594-3379-4
定　　价	39.80元

（江苏文艺版图书凡印刷、装订错误可随时向承印厂调换）